# わたしの好きのかたち

高垣麗子

# コーヒー

私の生活にコーヒーは欠かせません。目覚めた時、食後、撮影中、ひとり時間、シャキッとしたい時もゆっくり癒されたい時も片手にはコーヒー。

まず、豆を挽く。ガリガリと音を立てると大好きな香りが目の前に広がる。と、同時に祖父と祖母の笑い声が聞こえてくるような気がするのです。

私の祖父はこだわり屋でした。戦時中からカメラを手放さず、コーヒーはお気に入りの豆をミルで挽き、ポコポコと音を立ててサイフォンで淹れるのが日課でした。

学校が休みの日に祖父母の家に泊まりに行くと、決まって次の日の朝はコーヒーの香りで目が覚めました。布団の中で、まだ重たい瞼《まぶた》を閉じたままその幸せな瞬間を噛み締めていたのをいまだに覚えています。お砂糖は入れすぎないようにね、とコーヒーシュガーを手渡してくれた祖母の笑顔。せつないほど大好きだったなあ。

そんなわけで私にとってコーヒーは特別な存在。愛用の豆は、苦味と甘味のバランスが良い〝珠屋小林珈琲〟のロイヤルブレンド。代官山〝DUCT COFFEE LAB〟はグッズも可愛くてお気に入り。目の前を通る度に「まま、こーひーはかわなくていいの？」と聞く娘にも「私＝コーヒー」のイメージがもうしっかりとあるようです。

時間のある時、豆を挽くのは娘の係。きっとまたこの記憶が彼女に受け継がれていく気がします。

# 柴犬

幼い頃から、犬が怖かった私。お散歩中の犬を見つけると逃げたし、吠えられたことに驚いてパニックになったこともあるそう。

その犬恐怖症気味の私を心配して、ある日父が柴犬の子犬を連れて帰ってきました。ケージなどないので、妹が使っていた赤ちゃん用のベッドの中で飼うことに。木枠の隙間からこちらを覗く柴犬の赤ちゃんは、まだ口まわりが黒くてあどけない顔をしていました。犬は怖い。子犬であろうと怖い。恐怖心はそう簡単にはなくなりません。

父がその子につけた名前は「ジロー」。後から聞いた話だと、ペットショップでなかなか飼い手が決まらず、寂しそうに見えた子だそうです。朝晩、父がドッグフードをあげるのを私は少し距離を置いて見ていました。怖い、と思いつつも興味があったのです。器を発見すると嬉しそうに尻尾を振る姿が可愛くて、少しずつ、本当に少しずつだけど恐怖心がなくなっていきました。

散歩にもついていくようになりました。無邪気に歩いていくのに、強そうなわんこに遭遇すると怯えて尻尾が下がるジロー（私も怯えた）。ジローって怖がりなんだ、守らなきゃと思いました。数年後にはジローの散歩は私の役割に。忠犬のジローが可愛くて自慢でした。

こうしてはじまった私と柴犬との縁。いまでは柴犬は私の心を癒してくれる大切な存在です。

007

# 雨の日の花

雨の日がずっと苦手でした。

特に学生時代は雨に振り回されていて、湿気でうねる前髪と一度濡れたらなかなか乾かないローファーを横目に、気分もガクッと落ちたものです。

大人になってからは偏頭痛まで加わってしまい、仕事に行けばロケはスムーズにできず、家事をすれば洗濯物は乾きにくくて、やれやれという感じ。

だけど、なんとか雨の日を好きになりたくてレイングッズにこだわってみたら、単純な私は雨の日が待ち遠しくなり、リビングに鮮やかなお花を飾ったらみるみる気持ちが晴れました。

それ以来、雨の日と言えば花、というのが自分の中で結びついています。季節ものを選ぶこともあれば、その日の気分で選ぶこともある。来客の予定があればその人をイメージしたり、お店の方のおすすめを聞いたり。

中でも一年を通して選ぶのは、チューリップやバラ、向日葵などの配色豊かな花。それを1色ずつ選んでカラフルなブーケにしてもらうんです。

特に向日葵はゴッホ、モネ、ゴーギャン、マティスなど画家の名前の種類があるので、一輪ずつ選んでまとめるとそれぞれ個性が出てすごく可愛い。

お花があると心が癒され穏やかになり、暗いリビングも明るくなる。

雨の日は花を買いに行く日。

時間のない日は、スーパーの店先に並ぶブーケでも十分。小さなことだけど、私にとっては大きなことなのです。

# 白シャツ

私にとって白シャツは自分らしくいられるアイテム。ラフな白Tもカチッとした白シャツも、どちらも自分を自然体にしてくれるし正してくれる。

　学生の頃は制服がメインだったけど、私服はやっぱり白シャツ率が高くてプライベートで集まる時はいつも同じ服だと思われていました（笑）。

　枚数はそんなに持っていなかったけれど、同じような白シャツばかりを選んでいたのだから、そりゃそう見えたでしょう。

　モデルの仕事がスタートして宣材写真を撮る際も一着は白シャツを用意したし、オーディションに行く際も指定のコーディネートがなければいつも白シャツを選びました。

　白シャツは汚れが目立つし、気を使うと言えば気を使う。だけど、だからこそ丁寧に扱うし愛着が増していく。

　それに、どんな時もフラットな自分でいられる気がするんです。

　白には何色でも重ねることができるように、いつでも何色にも染まれる気がする。

　私が仕事をする上でこの感覚はとても重要。その日その日に求められる人物像にスッと染まれるように、気持ち的にはいつでも真っ白でいたいのです。

　そんな想いが背中を押してくれたのか、実際に白シャツでのぞんだオーディションはほぼうまくいきました。

　白シャツは、この先も私が一生好きなもの。

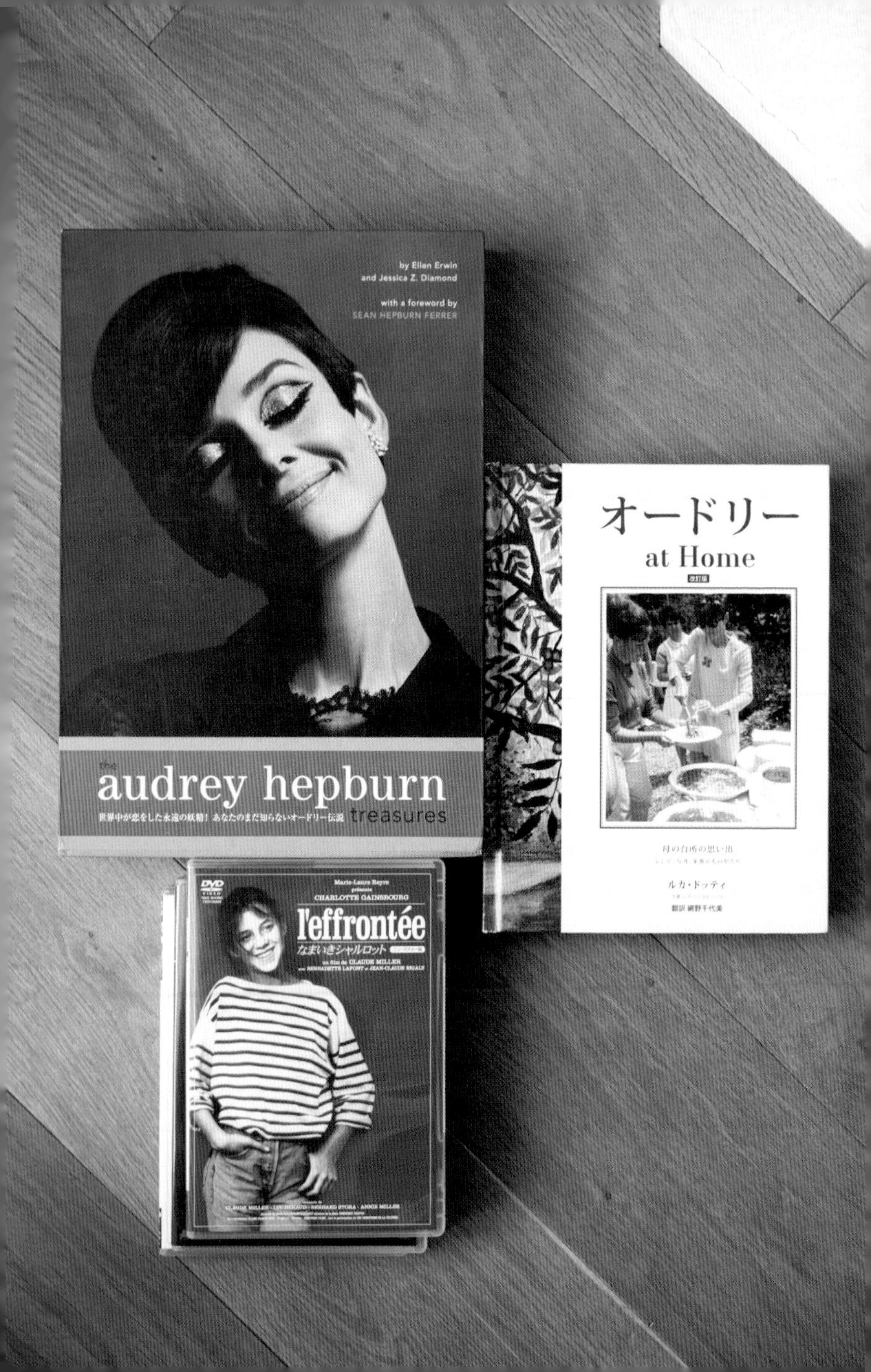
by Ellen Erwin
and Jessica Z. Diamond
with a foreword by
SEAN HEPBURN FERRER
the
audrey hepburn
treasures
世界中が恋をした永遠の妖精！ あなたのまだ知らないオードリー伝説
オードリー
at Home
母の台所の思い出
ルカ・ドッティ
翻訳 網野千代美
Marie-Laure Reyre
présente
CHARLOTTE GAINSBOURG
l'effrontée
なまいきシャルロット
un film de CLAUDE MILLER

# オードリーとシャルロット

昔もいまも、そしてきっとこの先も変わらず憧れの女性たち。

オードリー・ヘプバーンは、チャーミングな笑顔と凛とした美しさ、そして飾らないちょっとヤンチャなところが好き。言わずと知れた名作「ローマの休日」「ティファニーで朝食を」「いつも２人で」はＶＨＳ時代からテープが擦り減るほど観て、その全てに憧れました。トレードマークだった太眉も意識して、細眉がブームだった時代も私は太眉だったのです。

その後読んだ本などで、晩年の活動の原点となった彼女の生い立ちや苦悩も知りました。真の美しさという言葉がぴったりの女性。

シャルロット・ゲンズブールを知ったのは、小学６年生の頃。映画「なまいきシャルロット」を観て衝撃を受けたのです。思春期の女の子の敏感に揺れ動く感情を驚くほど繊細に演じる姿に、自分を重ね合わせました。

大人ではないけれど、子どもでもなくなっていく自分。思春期特有のコンプレックスや悩み。わかってもらいたいけど、わかってもらえないし、わかってもらいたくもない。どうしたいんだよ！　っていまは思うけど（笑）。

もちろん真似しましたよ。無造作ヘアにボーダーにデニム。どうにか調べて同じオーシバルのボーダーを揃えたりしたっけな。年を重ねても変わらず素敵なスタイルを確立している彼女にもずっと惹かれています。

# パールジュエリー

　愛用している、手首のパールブレスレット。私にとって特別なお守りのような存在なのです。

　パールと言えば、まず私の頭に浮かぶのは母の姿。幼い頃、隣で手を繋いでいる母を見上げると胸元まで届くパールのロングネックレスがそれはそれは美しくて印象的でした。白いけれど白じゃない。もっと透明感のある光を感じる色。

　太陽の光があたると、シャボン玉のようなオーロラがうっすらと縁取るようにも見えました。

　素敵だなと思いつつも、一度も貸して欲しいと頼んだことはありませんでした。子どもながらに、そのネックレスがきっと母にとって特別な存在なんだろうと感じていたのだと思います。

　月日が経ち、大人になったある日。

　母がそのパールネックレスをスッと差し出して、「良かったらこれからは麗子が使ったら？」と譲ってくれました。母の想いに胸が熱くなったのと同時に、何かまた姿かたちを変えて母自身が身につけられないかと考え、メンテナンスに出すことにしました。輝きを取り戻したパールは、三等分にしてブレスレットにすれば母と私と妹の３人でお揃いに。

　憧れだった母のパールネックレス。いまでは母からのプレゼント。娘に譲る時が訪れるのかな。私がいなくなってからも、受け継がれていってくれたら嬉しいと思っています。

MIYOSHI
フローラルの香り
せっけん
そよ風

## ミヨシ　そよ風

いくつかお気に入りの洗濯洗剤はあるものの、昔からミヨシの「そよ風」が好きです。

優しくほのかなフローラルの香りは、ネーミングの通りにふわっとそよ風のように漂うのです。

柔軟剤を入れなくても仕上がりはふんわり。部屋干しをした時のリビングに広がる香りや、娘が汗ばんだ時にほのかに感じるそよ風の存在感が好き。

パッケージがリニューアルされ、いまはサトウキビ由来のバイオマスプラスチックボトルなのですが、以前は〝せっけん そよ風〟としっかりと書かれていて、よく行くスーパーで目に留まる存在でした。

だけど、周りにその話をしても、そよ風の存在感は意外と薄く、知られていなかったのです。周りの友人たちが愛用していた洗剤は、もっとインパクトの強い海外のアイテムや、ＣＭで度々目にするメーカーの製品でした。

そんなある日、私に彼ができてはじめて家にお邪魔した時のこと。

手を洗いに洗面所に行くと、なんと洗濯機の上にそよ風が！

その彼も普段からそよ風を愛用していたそうで、私はその偶然と、自分の好きなそよ風の良さを理解し合える彼に嬉しくなり、彼のことをもっと近くに感じたのでした（笑）。

まぁ、そんな懐かしい思い出もあるのですが、私は昔もいまも「そよ風」が好きです。

# おむすび

おむすびを握る。

小さなことだけど、私は「おにぎり」よりも「おむすび」の表現が好きです。炊き立てのご飯を器に移して、濡らした手に塩をしっかり馴染ませてからぎゅっと優しく包んでいく。

使うのは〝ろく助〟の塩。よく行くスーパーで出合ったのですが、食塩に昆布や干し椎茸、干し貝柱の旨味がプラスされていてとっても美味しいの。

私は一粒一粒に存在感を感じられるかために炊いた白米が好みなのですが、お米の味や旨味の強さなどの特徴に合わせて、同じ特徴を持つ塩を選んであげるのが美味しい塩むすびを完成させるポイントなのだそう。

ところで、わが家のおむすびは大振りサイズ。私の手のひらが大きいのでおむすびも自然と大きいのです。

それに気づいたのは、ロケの朝食で用意されたおむすびがどれも小さかったから。ある日、築地にある「丸豊」のおむすびを用意していただいた日はみんながその大きさに驚いていました。けれど、これだよ、これ！このサイズがおむすびなんだよね！と密かに思ったものです。

思えば、子どもの頃に母が握ってくれたおむすびも大きかったっけ。母も手のひらが大きいのかな？

そんな大きなおむすびですが、娘から大きすぎるとクレームが入ったので、最近では程よいサイズに握るよう気をつけています。

*019*

# マルティニアーノのフラットシューズ

私の足のサイズは24・5cm。

ブランドや形によってもサイズ感は変わりますが、大抵はそのサイズで、海外のものだと38。背が高いことを考えると大きすぎるわけではないけれど、やはり自分の足にぴったりなものにはなかなか出合えないのです。

履きたい靴が履けない。素敵なデザインに惹かれ無理をして、そのうち自分の足のかたちに馴染むのさ、だなんて強気になるも束の間。足が痛い、歩けない、選ばれた靴も可哀想だし所々赤くなってしまった私の足も可哀想。

コレクターではないのでそんな華やかな靴は観賞用になってしまうわけなので、やはり実用性を重視したい。

撮影現場の衣装や店頭に並ぶもので気になるものはとことん試着をして、厳選されたものだけがわが家に並ぶことになります。なので、これ！　という靴に出会ったら色違いで揃えることも多々あるのです。

中でもマルティニアーノのフラットシューズには驚かされました。

足を入れた途端、やわらかなレザーに包まれどこにも一切負担がなくて歩きやすい。私の中では靴というよりは靴下だと思っています。

流行に関係なくこの先もずっと履き続けていくだろうから、新色が登場する度にチェックしています。

いつか私のシューズクローゼットがマルティニアーノでいっぱいになったら、SNSにアップしますね♪

ままへ
ままあいしてるよ。

021

# 娘の存在

娘を授かることのできた意味は、私にとってとても大きいものです。

簡単には言い表せないけれど、娘から日々もらっている感情はただ幸せなだけじゃなく、私を強くも弱くもさせるもの。

妊娠は奇跡だ。出産は奇跡だ。そして、一年一年毎年誕生日を無事に迎えられることも奇跡だ。それは自分にも言えることで、生きているということは奇跡の積み重ねだと感じます。

慌ただしく日々を過ごしていると、そんな奇跡は忘れ去られてあたり前になってしまうのだけど、ふとした時に思い出します。そして感謝するのです。

子どもの頃、大人になれば必ず赤ちゃんができるのだと思っていました。

だけど現実はそう簡単ではなくて、妊娠できるまでの道のりは険しく長いものでした。

だからこそ、出産当日は緊張しながらも早く顔が見たくて仕方がなかった。おんぎゃあーーーと元気よく生まれてきてくれた娘を、助産師さんが私の胸に連れてきてくれた瞬間、全身を真っ赤にして泣いている赤ん坊の顔を見て「こんにちは!!」と思わず口にしました。

そう、早く会いたかったんだ。

母親になったら、子どもが成人しようが結婚しようが一生母親。もちろん出産には責任感も伴うわけだけど、一生娘の親でいられる私は幸せです。

今日もありがとう。

明日もよろしくね。

# myカメラ

カメラの写真が好き。iPhoneのカメラ機能が進化しても、やっぱりカメラの写真が好き。誤魔化しがなくて、リアルな写真が好き。

普段は持ち運びに丁度良いサイズ感のRICOH GRを使っています。RICOH GRで撮影した写真からは、優しさとどこか懐かしさを感じます。それに食べ物の美味しさをちゃんと表現してくれる気がするのです。

かっこいいおしゃれな写真を求めているわけじゃなく、日常の一部を切り取ってかたちに残せたらな、と思っています。だから、SNSの写真もiPhoneは一切使わずにRICOH。

写真を趣味にしていた祖父が残してくれたRICOHとCanonのフィルムカメラもあります。重量があるから持ち運びはしていないけど、フィルムにはフィルムの良さがあるから大切に活躍させられたらと思っています。

ちなみに、自撮りは苦手です。アプリでの肌修正も苦手です。自分の写真を見て年齢を感じることは多々あるし、いつの間にかまたシワも深くなったと思います。特に若い頃からモデルの仕事をしていると、対象となる写真が常にあるから比較されるのです。だけど、それを見て無理して若返りたいとは思いません。できるだけ現状維持できるよう努力していきたいな。

自分の記憶に紐付けできるように、これからも私の日常を写真というかたちで残していきたいものです。

# ダイニングテーブル

インテリアにはこだわりが強かった私が、いまとてもシンプルでナチュラルな空間に住んでいます。

元々、木のぬくもりを感じられるテイストは好きだったけれど、以前の私は海外のデザイナーの作品やアンティークなど雰囲気あるデザインを揃えていました。それが娘が生まれたのを機に少しずつ買い替えて、いまやすっかりナチュラル。

娘が角に頭をぶつけることもあったので、丸みがあって頬や口をつけても安心な天然素材を選ぶことに。それに引越しが多い環境なのでできるだけ大きなサイズ感のものは避けて実用的なサイズを選ぶようにしています。

中でもリビングのダイニングテーブルは一番のお気に入りです。これは飛騨高山の里山に工房のある〝オークヴィレッジ〟のもの。

国産の無垢の木を使用した職人さんの心と技術を感じるテーブルは、触り心地のなめらかさといい、木目や色の優しい表情といい、私も娘も一目で気に入りました。

食事以外にも娘の絵日記を見守ったり、私の仕事場になったりと毎日の大事な時間のほとんどをこのテーブルと共に過ごしています。

ダイニングテーブルは暮らしの象徴だと思います。

ここで、笑顔のある食卓を楽しみたいし、娘と一緒に工作やかるたなど楽しい時間を過ごしていきたいです。

鈴木良雄
SUZUKI YOSHIO
曽田正人
SODA MASATO
田中モトユキ
SUYAMA KAZUTOSHI
高井研一郎
TAKAI KENICHIRO
田辺イエロウ

# 中野区と野方

私は中野区の野方という場所で生まれ育ちました。自宅から野方駅までは徒歩15分くらい。中野駅まではバスで10分くらい。

週末になると中野にあったデパート丸井の屋上でゲームをするか、ブロードウェイで遊ぶ。当時の私にとっては書店と言えばまんだらけだったし、フィギュアやブロマイドが並ぶ専門店は見慣れた光景でした。昔と比べると所々変わったブロードウェイだけど、まんだらけの階と地下のソフトクリームはあの日の思い出のままです。

野方は小さな商店街だけど、馴染みのスーパーのサカガミ、カメラ屋さんの並びの和菓子屋さん、踏切りの前の果物屋さん、おしゃれケーキと言えばのラ・レーヌ、環七沿いの豆腐屋さん、小学生の頃に突然あらわれたラーメン屋さん野方ホープ、おもちゃ屋さんの通称おもQ、町のみんなに愛されていたエスポワールミスズのパン……。閉店したり変わったり、時代の変化を感じると切ないけれど、お店の外観や通り沿いの電柱の装飾、街全体の雰囲気は何十年経っても色褪せず頭の中にあるのだから不思議。

自分のルーツ……だなんて言うと大袈裟かもしれないけど、私にとって中野と野方は振り返らずにはいられない思い出の宝庫。

あの頃、母に手を引かれながら過ごした街をいまは娘と手を繋ぎながら歩く。そのことがとても感慨深いです。

## ステラ・マッカートニー

動物愛好家、ベジタリアンとしても有名なデザイナー、ステラ・マッカートニー。ファッションの世界で〝サスティナビリティ〟〝エシカル〟というキーワードが叫ばれる中、誰よりも先陣を切ってきたのが実はステラです。

はじめてその名前を耳にしたのは撮影中のロケバス内でした。私はまだ10代。ブランドやデザイナーについてはまだ勉強中だった頃。彼女の作るものは全て環境に配慮してデザインされたものだと知りました。レザーだと思ったアイテムはフェイク素材、ふわふわ触り心地の良さそうなファーはフェイクファー。一番驚いたのは、パイソンに見えるバッグもフェイクだったこと。間近で見ても本物だと錯覚するほどのクオリティだったのです。

私はベジタリアンではないけれど、昔から自ら手に取るものはできるだけ環境や人に負担が少ないものにしたいと考え、自然の恵みを余すことなく使ったジビエレザーやリサイクル素材、フェアトレードのアイテムなどを愛用していました。ステラ・マッカートニーの、見たことがないクオリティの高さと徹底したブランドコンセプトは私の求める理想そのものでした。

あれから長い月日が経ちましたが、彼女の勢いは増していくばかり。アイコンバッグのファラベラは、重さなどの改良を重ねて年々使いやすく進化しています。私のコレクションもとどまることなく増えていきそうです。

# 14歳からのいまの仕事

14歳からスタートしたこのモデルという職業を43歳になるまで続けられるとは本当に驚きしかないのです。

スカウトをされたあの日。断っていたら？　勇気を出して、飛び込んでみようと思わなかったら？

私の人生は全く違うものになっていたでしょう。

人生の半分以上、モデルをやってきました。幼い頃の私の夢は、美容師さんかお花屋さん。犬を飼いはじめた6歳の頃は、トリマーにも憧れました。だけど憧れは憧れであって、本気で進みたいと思う道には出会えていませんでした。

スカウトされたのは15歳になる年のこと。まだ14歳だった私は、人見知りで家にいることが好きなシャイな女の子でした。食べることが好きで、犬が好きで、引越したばかりの小さな部屋の中で大人しく過ごしているだけの日々でした。

モデルという仕事が私の性格も人生も変えてくれました。

その間、私自身にもファッション誌を取り巻く世界にも様々なことがありました。

これから先のことはまだわからない。だけど、ファッションはなくならないのだから時代が変化しても私は一緒に変化をしながらついていきたい。

正確には、自分をちゃんと持ち続けながら、ファッションと共に進化していきたいと思っています。

# 目次

# まるというかたち

皆さんは、「まる・さんかく・しかく」の中だとどのかたちが好きですか？

私は「まる」。

角がなくて安心感があって、自然と丸い形状のものに心惹かれます。丸いまな板に丸い持ち手のマグカップ、太陽や満月のモチーフ、いま愛用しているヘアオイルはキャップが球体ですごく可愛いの。お正月のお雑煮に入れるお餅も、関西では丸餅、関東では四角い餅が主流らしいけれど、私は丸餅を選ぶことが多いのです。

かたちが丸いものは縁起が良いとも言われていて、丸は円とも縁とも表現される。今まで仕事を通じて出会えた方とはご縁があればまた必ず再会できていて、そこ

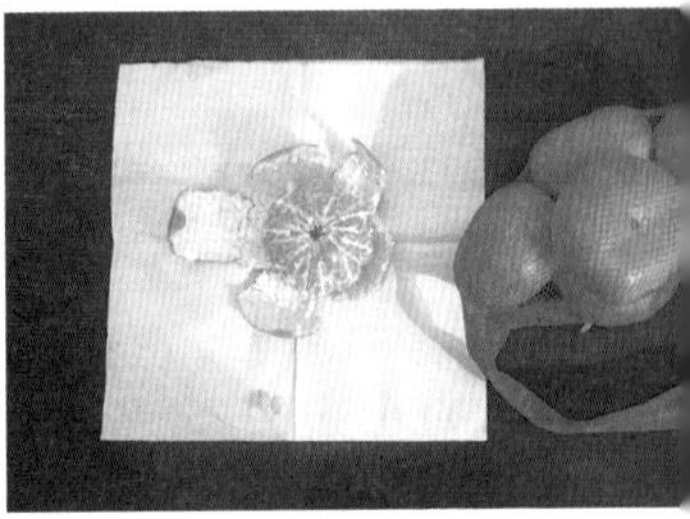

からまたより深いご縁を感じることとなる。まさに、縁と縁が繋がって丸い円を描いているかのように感じるんですよね。

学生時代に電車の中で見た進学塾か何かの広告。そこに書いてあった「四角い頭を丸くする」というキャッチフレーズも、まるで私のことを指差されているようで今でも忘れられません。

# ゼラニウム（香り）

ゼラニウムの香りが好きです。

バラの花のような香りのローズゼラニウムもナツメグのような香りのナツメグゼラニウムも好き。花屋さんで見つけるとキッチン用に選ぶ。甘さのある香りだけど防虫効果もあるのだとか。ゼラニウムのアロマオイルも気分転換したい時や旅先の部屋でよく楽しみます。

私は香りに左右されやすいから、好きな香りはいくつか常備。

気持ちをシャキッとさせたい時はティーツリーやひのき、癒されたい時はゼラニウムやラベンダー。

自分の好きな香りのボディオイルでマッサージをするとホルモンバランスが整って美肌になると聞いたことがあるので、私は毎晩好きな香りに包まれて幸せ気分。

それぞれの香りに効能があるみたいだけど、インスピレーションが一番大切な気がしています。

ゼラニウム（香り）

# ごま

チャック
山本の
有機
いりごま
白
山本の
有機
いりごま
黒
ONA
CLOSE
おいしい
白ゴマクリーム
White Sesame Spread
約50,000粒分の
セサミンとカルシウム
おいしい
黒ゴマクリーム
Black Sesame Spread
約50,000粒分の
セサミンとカルシウム
胡麻ドレッシング
Aji no Renaissance Kyoto
ごま
すり

私はよくごまをする。食べる方ね。

白ごま、黒ごま、どちらも好きなんだけど、すった時の香ばしい香りが食欲をそそる。

シンプルに炊き立ての白米にすりごま＋塩。お浸しにもすりすり、味噌汁にすりすりすることも。ハチミツと混ぜ合わせてトーストに塗っても美味しい。

娘の食事がまだ薄い味付けメインだった頃は、大人には物足りないその味付けも、ごまさえすれば美味しく変身したものです。

ごまには、人間の体に必要な栄養がぎっしり。

中でも「ゴマリグナン」という成分はごまにしかないそうで、高い抗酸化作用があってアンチエイジングに繋がるのだそう。することでその栄養素はより吸収しやすくなるというのだから、私のごますりはもうすっかり日課です。

# 笑顔

笑顔が好きです。

誰だってそうかもしれないけれど、笑顔が好きです。笑ってばかりの人と一緒にいると、こちらも笑ってしまう。

笑顔は伝染する。

私は職業柄、笑顔を求められることが多い。ハッピースマイルだなんて言ってもらえることもあります。

モデルをはじめた10代の頃は笑うことが難しかったものです。カメラの前で「はい！　笑ってみてー」なんて言われても、緊張して顔がこわばりました。「無理です……笑ってみてって言われても無理なんです……」だって、笑うって面白いこ

とがあったり、楽しいから笑うのであって、そうじゃない時にどうやって笑うんだ⁉」なんて、内心思っていたのです。

カメラマンに笑ってと言われたらできない自分に泣きそうになり、怒ってみてと言われたらそんなのできないよ！ と笑えたことも。引き出し方が上手なカメラマンさんに感謝。

だけど、いつからかカメラの前で自然に笑っている自分がいました。現場に少しずつ慣れてきて純粋に楽しくなっていったのと、今日のランチは何かな〜？なんて想像して楽しめる自分が生まれてきたから。おかげで笑いジワがいっぱい刻まれました（笑）。

くしゃくしゃに笑いジワのあるおばあちゃんになりたい。

素敵だと思いませんか？

# オイル

私に欠かせないもののひとつに「オイル」があります。料理にはこめ油、ごま油、オリーブオイル、グレープシードオイルを愛用しているし、美容ケアにもオイルが欠かせません。

肌も髪も乾燥しやすい私は、すぐにカサつくしパサつくのです。ライトなものからヘビーなものまでたくさん試した結果、自分に合うものを常に数本常備しています。

少量を手のひらで優しく温めて馴染ませていく。午後、また朝の半分くらいの量を重ねるように馴染ませる。ツヤも加わるし、しっかり馴染んだ肌や髪は調子が良いのです。

20代の頃は吹出物ができそうな気がして取り入れなかったオイル美容。いまはオイルの油分のおかげで角質がやわらかくなって吹出物ができなくなりました。
手放せません！

# グレー

グレーという色は正直元々はあまり好きな色ではありませんでした。暗めな色、それなのに黒のようにシックではなくぼやけた色というイメージがあったのです。私服でグレーを選ぶくらいなら、白。もしくは、黒やネイビー。そう思っていた私だけど、ある時たまたま手にしたグレーのアウターのシルエットがあまりに美しくて一目惚れ。迷うことなくワードローブに加わったのです。

いざグレーを着てみると、驚くほどどんな色合わせにもしっくりくることを知りました。ベーシックカラーだけじゃなく、パステルカラーやビビッドな蛍光色、ドットやレオパードやボーダーなどの柄物にもしっくりくる。むしろグレー×グレーのワントーンコーデは重たすぎない印象があって大好きになりました。

私のお気に入りのパールのジュエリーも、グレーが背景にあればより引き立ちます。

撮影で何十年と、多くの衣装を着てきた私だったけど、グレーの魅力には何故か気がつかなかったんですよね。

いまでは私のクローゼット内には、白とグレーが多く並ぶようになりました。色で迷ったら間違いなくグレーを選ぶ。

失敗のない色は強い味方です。

# 腸活

「腸活」という言葉をよく耳にすると思いますが、私も腸の調子が良いと全ての調子が整うことを実感しているひとり。

胃腸は丈夫な方だけど、肌が疲れていたりなんだか体が重くてむくみが取れないな、と不調を感じるのは決まってお腹が張っている時。そんな時は思考が鈍りやすかったりして、集中力に欠けるのです。

娘も赤ちゃんの頃に夜泣きが止まず、その原因がわからずに朝まで四苦八苦したのだけど、あまりにも心配で受診したら原因は腸の張りでした。スッキリした後はご機嫌に笑う娘。そんなことが何度もありました。

腸は第二の脳と言われているだけあって、脳と緊密に連携しています。腸の神経細胞の数はおよそ1億もあって、この数は体の臓器の中で脳に次いで2番目の多さなのだそうです。

中でも「セロトニン」「ドーパミン」という物質は幸せ物質と言われていて、私たちを幸せな気持ちにしてくれる重要な役目をしているのだけど、腸内環境が整っていない状態ではセロトニンをうまく増やすことができないのだとか。だから、腸を整えることは心にも大きく影響するんですよね。特に日本人は欧米人と比べて腸が長いから、より意識していかないと。

腸活に良いと言われている発酵食品を毎日摂って（和食中心にするだけで、自然と発酵食品は摂れる！）さらにサプリメントで補う。美容に気を使う前に健康に気を使う。健康に気を使うなら、まずは腸内環境を整えましょう。

# むくみ

私がさえない顔をしている日は、それは寝不足ではなくてむくんでいる日。確かに寝不足だと代謝がうまくいかず、ボロボロでむくむこともあるけれど、見た目はどちらかと言うとやつれている感じになります。私は昔からむくみやすいのです。モデルのお仕事をする前は、若かったということもあるけれどむくみについて考えたことはありませんでした。体質的にきっとむくんでいたんだろうけど、それには気づいていなかったんです。

モデルという職業はご存知の方もいらっしゃるかもしれませんが、暑い夏の日に真冬の服を着て、真冬には夏服を着ます。季節とは真逆のコーディネートでいることがほとんどなので、体調管理はもちろんのこと撮影時は個々に気を配ることが多くあるのです。

そのひとつに、靴下問題があります。

やはり真冬の寒さの中、できるだけ本番直前までは靴下を履いて冷えやすい足先を守りたいもの。撮影と撮影の合間の移動時間や休憩時も足元を温めたい。けれど、素足に靴下のあとを残すわけにはいかないので我慢をするか、あとのつきにくいレッグウォーマーやブランケットで暖を取ります。

むくみやすい私は一度あとが残ると取れにくい。前日の夜から靴下を履かないように気をつけないと早朝ロケの本番に間に合わない。入念にマッサージをして、ストレッチをして、むくみを解消してくれるカリウムの豊富な野菜や果物を多く摂って、それでもむくみそうな日は大好きなお味噌汁に切り干し大根を加えます。

そう。味噌には栄養がたっぷり含まれているから、一日に一回は摂った方が良いのだけど唯一の欠点があるとしたらそれは塩分なんです。

私は大抵、お味噌汁のおかわりをするから、塩分が気になる時は切り干し大根を乾燥のままポンと加えます。切り干し大根に含まれるカリウムの量は食品の中でもなんとトップクラス！

むくみ防止だけじゃなく、切り干し大根の甘味と旨味がお出汁になり、より美味しくいただけるのでこれはおすすめ。むくんだだけで人は3kgも太って見えるのだとか。

私は今日もむくみと向き合っています。

さか本

私と娘が石川県、能登半島を好きになったきっかけは「さか本」さん。ずいぶんと前にその存在を知り、いつか訪れてみたいと無性に惹かれていたのです。

能登半島の奥地にひっそりとたたずむそのお宿は、テレビもエアコンもなく、ただ静かに時が流れている場所。黒漆を塗られた柱や床がとても美しく、気持ちはリラックスしているのに背筋がシャキッとさせられるような、そんな言いようのない凄味が宿っています。

食事になると、その時に採れた旬の食材がふんだんに活かされ、驚くほど美味しい状態で運ばれてきます。

究極のシンプル。シンプルと言ったって、余計なものを削ぎ落としただけのシンプルではなく、計算され尽くしたシンプルだと思います。坂本さんにしか表現できない世界観が、さか本にはあるのです。

物や情報が溢れている便利なこの現代の中で、さか本での時間は私にとってあまりにも衝撃的で心に深く響きました。探していた、求めていた姿でした。本能のままに動く娘は、より動物的になり五感で楽しんでいたようです。しんちゃん

（坂本新一郎さん）に会いたいとよく口にし、お風呂の壁に貼られている日本地図のポスターは必ず東京の次に能登を指差しします。坂本さんに教えていただいた瀬戸國勝さんの輪島塗りの器は、能登へ旅行に行くと記念にひとつ持ち帰ることにしています。

旅は好きだけど、さか本は特別に好き。

# ひとり時間

世の中の人はどれだけ〝ひとりの時間〟を欲しているんだろう。

どんなに忙しい日々の中でも、ほんの少しでもいいから自分だけの時間を保ちたい人。

ひとりの時間を思う存分楽しみたい人。

ひとりの時間なんて全く必要のない人。

私は一日に30分でいいから必要なタイプ。

昔から、たとえ彼と旅行に行ったとしても朝早くに起きて自分時間を確保していました。特に何か特別なことをするわけじゃないんだけど、ただボーーっとコーヒーを飲んだり、本を読んだりSNSをチェックしたり、そうすることで気が緩んでリセットできる。だから自由に過ごせる時間はとても貴重。ひとり時間

が全く必要じゃなかった彼は、そんな私のことは理解できないよ、と言って、隣にちょこんと座っていました。嫌じゃないんだけど、なんか違う。

1日目はそれでも良かったけれど、旅行となるとだんだん、よりひとり時間を欲するようになりました。彼を傷つけないようにそーっと隣の部屋に移動したら、彼もすーっとついてきて、また私がそーっとテラスに移動すると今度は椅子ごとついてきたんです。

10分だけ（本音は30分）ひとりになりたいな、とお願いしたら、それならと理解してくれたけど笑顔が消えました。

そんなこともあったな、とよく思い出しますが、それでも私にはひとり時間が必要なのです。

娘のお迎え前に10分コーヒータイムをもうける。

娘が寝た後に30分、自分のために時間を使う。

最近は国内旅行の計画を立てようとあれこれリサーチ中なのだけど、そんな時間がたまらなく贅沢に感じます！

# 発酵食品

はじめに発酵食品に興味を持ったのは、何か特別なきっかけがあったわけでもなく、単純に自分の好きな食べ物を振り返ってみたら、そのほとんどが発酵食品だったから。ただそれだけのことでした。味噌、醤油、納豆、鰹節、糠漬け、キムチ、パン、ヨーグルト、チーズ、甘酒、日本酒、ビール、ワイン、ナタデココやプーアル茶まで発酵された食品だったのです。

そう考えると意識しなくても私たちの食卓に発酵食品が並ばない日の方が珍しく、何かしらは食べていることになります。

じゃあ発酵食品って、どうやって作られるんだろう？　微生物（カビや細菌、酵母菌）の働きで作られていくそうだけど、腐った豆は食べられないのに、発酵した豆は納豆になり美味しい。それは何が違うんだろう？

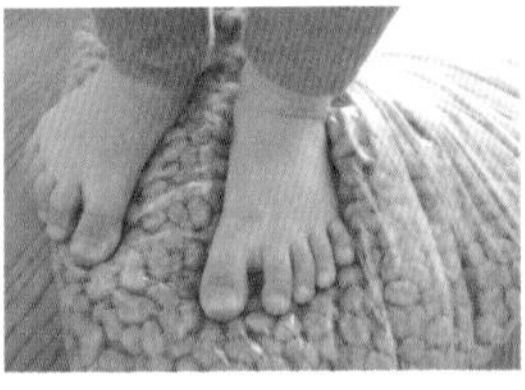

そんな素朴な疑問から発酵食品について学んでみたところ、無理なく続けていける健康法だということを知ったのです。

そう。無理なく！

これが何だかんだ一番大切で、頑張って特別なことをしてみても結局は続かない。日常の中に元々ある食材を意識することと、調味料や料理法を少しアレンジするだけ。高価なものでも手に入りにくいものでもないから誰でもすぐ取り入れられるというメリットもあります。

それに、日本には山も海もあり四季があります。湿度も高いから発酵食品が生まれるには最適な条件が揃っているんですよね。

私が必ず調味料として常備しているのは、塩麹、醤油麹、玉ねぎ麹、甘酒。基本、この4つがあれば家庭料理は美味しく作れちゃう。それに加えて、元から常備してあった塩や醤油、酢などがあれば問題なし。いまは市販でも美味しいものが揃っているから気に入ったものは買い揃え、時間

のある時は手作りしたりしてどちらも楽しんでいます。

それと、麹納豆。納豆と麹のダブル発酵食になるわけだけど、こちらも体に良いのはもちろんのこと、作り置きしておくと便利。ご飯やパスタにトッピングしたり、ゆで野菜やカリッと焼いた油揚げにも相性抜群。

手間のかかるレシピはひとまずなしにして、簡単に美味しく健康に♪　を求めていらっしゃる皆さんに私の時短レシピを公開したいと思います。良かったら作ってみてくださいね。

# 枝豆の味噌煮

○材料（2人分）

枝豆…200g
出し汁…300ml
塩…小さじ1
味噌…小さじ2
塩もみ用の塩…適量

○作り方

❶枝豆は塩で揉んでうぶ毛を落とし、洗って水気を切る。味が染み込みやすいように、両端を少しハサミでカットする（時間のない時は省いても）。
❷鍋に出し汁を入れて沸かし、塩と①を入れる。沸騰したら味噌を入れて火を止め、そのまま5分ほど置く。
❸汁気を切ったら完成♪

ゆであがりの熱々も、冷めて味が馴染んだ状態も定番の枝豆よりも風味豊かで好き。味噌の量を増やして濃い味付けにし、炊き立てご飯に混ぜても美味。

## 漬けまぐろ

○材料（2人分）

刺身用のまぐろ（柵）…200g

☆
- 甘酒…1/2カップ
- 醤油…1/2カップ

青じそ、白ごま、卵黄、刻み海苔、ねりわさびなどはお好みで。

○作り方

❶まぐろは水気をよく拭き、ジッパーつきポリ袋に☆と共に入れる。軽く揉み込み、冷蔵庫に入れて3時間ほど漬けておく。

❷①のまぐろの汁気を切り、切り分ける。

おつまみとしても、丼ものとしても、その日の気分でトッピングを変えていただきます。スーパーのお買得なまぐろでも、ねっとり濃厚な口あたりをお楽しみいただけるのでおすすめ。ちなみに、わが家では敢えて☆の調味料の量を増やして作り、余った漬け汁にゆで卵を加えて煮卵にすることも。味が馴染むのに冷蔵庫内で約2日間。5日間くらい保存可能です。

# 厚揚げと豚バラと
# その日ある野菜のオイスター煮

○材料（2人分）

厚揚げ…100g
豚バラ肉…100g
その日ある野菜…100g
生姜…1片（チューブでも可）

☆
水…100ml
塩麹…大さじ1
みりん…大さじ1
オイスターソース…小さじ2

○作り方

❶厚揚げは熱湯をかけ油抜きをし、一口サイズに切る。豚肉も一口サイズに切る。
❷野菜も食べやすいサイズに切り、生姜は千切りにする。
❸フライパンに☆の材料を入れ火にかけ、沸騰したら①と②を加え、時々混ぜながら弱火で約10分。味が染み込んだら完成です♪

わりとどんな野菜とも相性が良いので、旬のものや冷蔵庫内の余った野菜でぜひ。
私は黒七味で少しパンチを加えたり、白米にのせて丼ものにしたりしています。

## フルーツの甘酒マリネ

◯材料（2人分）

その日あるフルーツ
（バナナやりんごやキウイやみかんなど）
甘酒…フルーツの重さの半分の量

◯作り方

❶フルーツは食べやすいサイズに切る。
❷ジッパーつきポリ袋に①と甘酒を加え、優しくまぜ合わせて冷蔵庫で数時間冷やす。食後のデザートにぜひ♪

30分ほど寝かせただけでも美味しいし、フルーツは単品でも。

## 甘酒ラッシー

◯材料（2人分）

甘酒…１００ml
豆乳（牛乳）…１００ml
プレーンヨーグルト…１００g

◯作り方

❶ただ混ぜ合わせるだけで完成です（笑）。

わが家はカレーの日には必ず甘酒ラッシーです。レモンをしぼっても◎。黒胡椒を振っても◎。あっさりめがお好きな方は、本場インドのように豆乳ではなく水で割ってお楽しみください♪

# 子育て（娘との関係）

娘、いま5歳。

この書籍が出版される頃には6歳を迎えています。

親になってみてはじめて出会う感情がいっぱいで日々目まぐるしい。娘のことを愛しすぎて胸がきゅーっと締め付けられたり、愛しているがゆえに彼女のために叱ったり、心配性がますます悪化したり（笑）。感動しては泣いて、ぶつかっては泣いて……夜、娘が寝た後に隣で反省したりしています。

わが子ながら見た目も性格もまた私とは丸きり違うので、同じ女性として共感できる部分もあるけどかなり戸惑ってしまう。

私は人見知りな性格で、幼い頃はモジモジしていたタイプ。娘ははじめましてでも即話しかけにいくタイプ。私はお友達の名前をド忘れしちゃうと、その子に

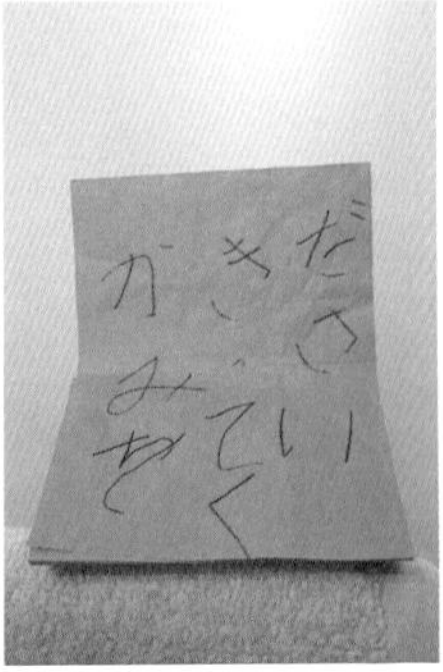

話しかけたいのに話しかけられなくて、近くにいき肩をトントンしながら「ねぇねぇ」と言って声をかけるタイプ。

　娘はそんな時は「そこのお友達～」って言って名前を忘れても躊躇せずに話しかけるタイプ。

　わが子ながら、すごいな、と思わされるんです。

　この先また成長と共に変化はしていくだろうけど、持って生まれた性格は明らかに違う。

　親子なのに不思議ですよね（ちなみに娘の父親もまた違うタイプなのです）。

　まだ数年しか子育て経験はないので、子育てについて私は偉そうに語れないし正解がないだけに語れない。

　ただ、大好きだよ、愛してるよ、の気持ちは口にして伝えるようにしています。

　必ず毎日。

　それと、できれば対等でありたいと思っているんです。

　もちろん親として娘に教えていかないといけないことはたくさんあるんだけど、

私も娘から学ぶことが多いんですよね。マナーを注意するなら、自分もきちんとマナーを守らなくてはいけないし、つい自分の経験から固定観念で物事を判断してしまうことがある私は、目の前にある物事や言葉を純粋に受け入れる大切さを教えてもらう。そうだよね、傷つくことが怖いからって最初から疑いの目を持つことは違うよね。言葉に裏なんてないよね。

あまり得意じゃないと思い込んでいたテーマパークも行ってみたらすごく楽しくて、私の方がはしゃいじゃったよ。娘から教えてもらった感情や世界観がいまの私にはとても新鮮。教えてくれて、ありがとう。

人間対人間として、たくさん話し合ってたくさんぶつかって歩んでいきたいな。

# 子育て（絵日記）

娘が4歳の頃から絵日記をスタートしました。

将来「宝物」になるからやらせてみたら？　とある方からアドバイスをいただき、はじめることに。


4歳。

まだひらがなも覚えたてで間違いも多いので、夜寝る前に一日を振り返りながら、今日はどんなことをしたの？　何が楽しかったの？　給食では何が一番美味しかったの？　と聞いたりしながら、娘の感じたままを書いてもらいました。そして、お気に入りのクーピーで絵も描いてもらいました。娘が描きたいように、私は特に口出しはせずに描いてもらいました。

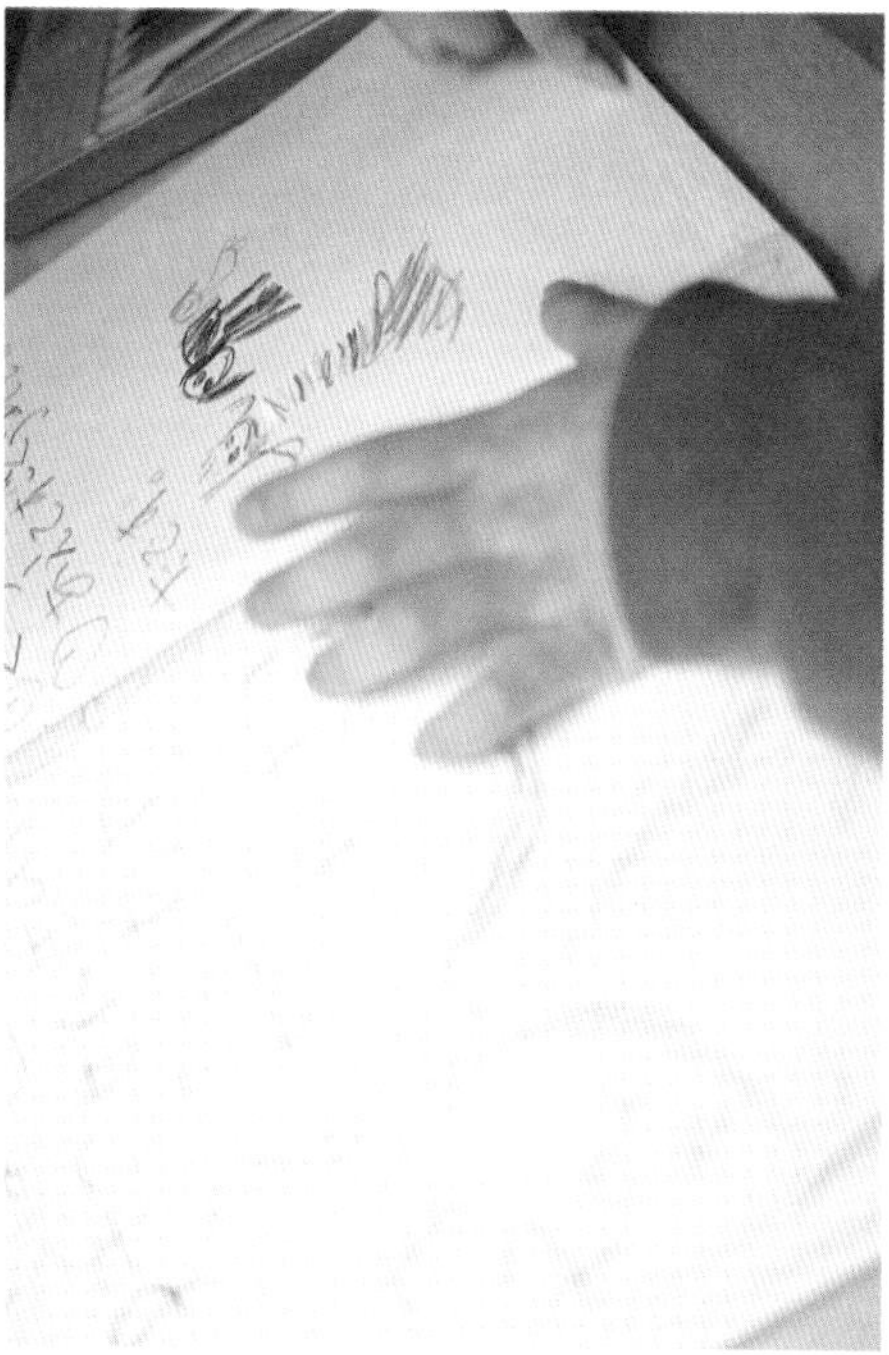

子育て
（絵日記）

はじめはお互いにこの目新しい作業が楽しくて、夜まで待てず夕方に書きそうになったり、拾ってきた草花なんかをちりばめて素敵なページになるよう凝ってみたり。

娘なんて、絵日記を書く時ははじめのページから振り返りたいらしく、1ページ目から全て読んで、今日のページに取り掛かるようになりました。

だけど、2週間をこえたらもう限界。1ページ目から振り返っているうちに目を閉じて寝ちゃってる……そりゃそうだよ。ただでさえお風呂上がりの寝る前は眠たい時間帯だもん。

次の日からは振り返りはひとまず禁止。ちゃんと書ける日もあれば、眠たくてグズグズしながら書いた汚いページもあります。眠たくて一日を振り返られるほど頭が働かない日は涙ポロポロ。可哀想に……と思いながらも、やはり絵日記は続けることに意味があると思ったから、一行でもいいから書かせました。

「きょうはねむいからもうねます」とだけ書いてある日も多々あるけど、それも良し。事実だし。

そんな日々の中である日気がついたんです。娘との絵日記を続けていたら、娘が今日一日何を感じてどんな風に過ごしていたのかがわかる。直接把握できる。平日は朝から夕方まで幼稚園なので、朝ご飯の時間と夕飯の時間と、行き帰りの道中とお風呂くらいしか一緒にいられない私たちにとって（しかも基本慌ただしい）絵日記の時間はとても意味のある時間だったんです。

それに目の前で鉛筆を握る娘の持ち方、書き順など間違いを把握して注意することができます（私も自信がないので調べたりして）。

娘にとっても一日の出来事を伝えられるということは嬉しいようで、眠たいもののやはり特別に感じてくれているらしく。気がつけば間もなく4冊目が終わろうとしています。ひらがなはほぼ間違えることがなくなり、たまにカタカナを入れてみたりしています。

続けることは本当に大変。やりたくない日もあるでしょう。実際、忘れて寝ちゃった日もあります。そんな日は決まって今日の日付けではなく、昨日の日付けで書きはじめちゃうので、カレンダーを見て今日の日付けを確認する作業も教え、それも日課になりました。

継続は力なり。間違いなくかけがえのない「宝物」が増えています。

# 子育て（食育）

娘を授かった時、私は自分の食生活をいま一度見直しました。それまでも健康志向だったし、自炊はある程度バランスよく気をつけていたけれど、外食となると気にせず何でも楽しんできました。妊娠できるまでが長い長い道のりだったこともあり、私はお腹の子を必要以上に守ろうとしたのです。

妊婦さんの〝食べてはいけないもの、食べた方がよいもの〟がリストアップされたノートを持ち歩き、大好きなコーヒーもノンカフェインにして物足りなさも我慢。まぐろや鰻、チーズや生ものも良くないと聞いてからは気をつけました。もちろんアルコールも一切摂らず。とにかく気をつけて過ごしました。

実際には必ずしもダメなわけではなくて、少量なら問題はないそうだけど万が一何かあった時に後悔したくなかったんです。

娘が無事に生まれて、そして離乳食がスタートした頃、また娘への食について徹底して学びました。食材は全て自然栽培のものを選び、口に運ぶカトラリーやそれらを洗う洗剤にもこだわって。何よりも消毒をしすぎる環境が、必要な良い菌も死滅させてしまうと知り、過剰な消毒は避けました。これに関しては今となっては良かったと思っていて、子どもの健康を気にしすぎるあまりに何でも消毒、除菌をしてしまいがちな環境は、健康とはまた違う道へ向かっていくと思っています。

娘が成長するにあたり、外食をする機会も増え、何よりも保育園での給食がスタート。この頃から、あまり神経質になりすぎるのも良くないと思いはじめたんです。

自宅では基本的には安心とされる食材を選ぶけど、外でも様々な食に触れて欲しい。もちろんいかにも体に悪そうなものは食べさせないし、農薬や保存料も使われていない方が良いけれど、そこにだけこだわるのではなく旬のものやバランスの摂れた食事から栄養をたっぷり

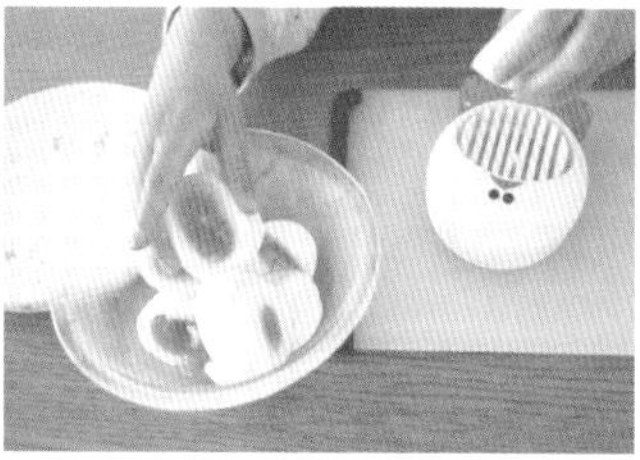

摂って欲しかった。お友達や先生との楽しい食事時間を大切にして欲しかった。

6歳になるいまではお手伝いをしてくれる機会も増えました。簡単なお手伝いではあるけど、お米を研ぐと手が冷たくなるよ、とかコロッケのじゃがいもは熱々のうちに潰すとか、ごまはすりごまを買ってくるよりも自分ですると香りがいいよ！とか、日々の中で少しずつでも楽しみながら発見があれば嬉しいな。

毎日食べる定番のお米と味噌だけは一緒に作ろうと決めて、お米作りに参加したり味噌は年に1〜2回仕込んでいます。

作ることの大変さ有り難みを知ることは、食いしん坊だからこそ知ってもらいたいのです。

そうそう、先日駄菓子屋さんを見つけたのですが、絶対に買って買ってーと騒ぐと思ったので3つだけと約束をして中に入りました。そうしたら、あら大変。あまりの懐かしいラインナップに私が大興奮してしまい、3つどころじゃなく欲しいものだらけ……。

　だって、蒲焼さん太郎とか、こざくら餅とか、練り飴とか、きなこ棒とか、どんどん焼とか……ね。お店の方ぃわく、最近では保護者の方の声もあって保存料のないものをチョイスしているのだとか。娘の手前悩んだけど3つ以上選んでしまいました。娘は笑っていたけど（彼女の方が大人だった）。

　そんな感じで、わが家では楽しい気持ちを一番に、できるだけ体想いの食を選んでいます。

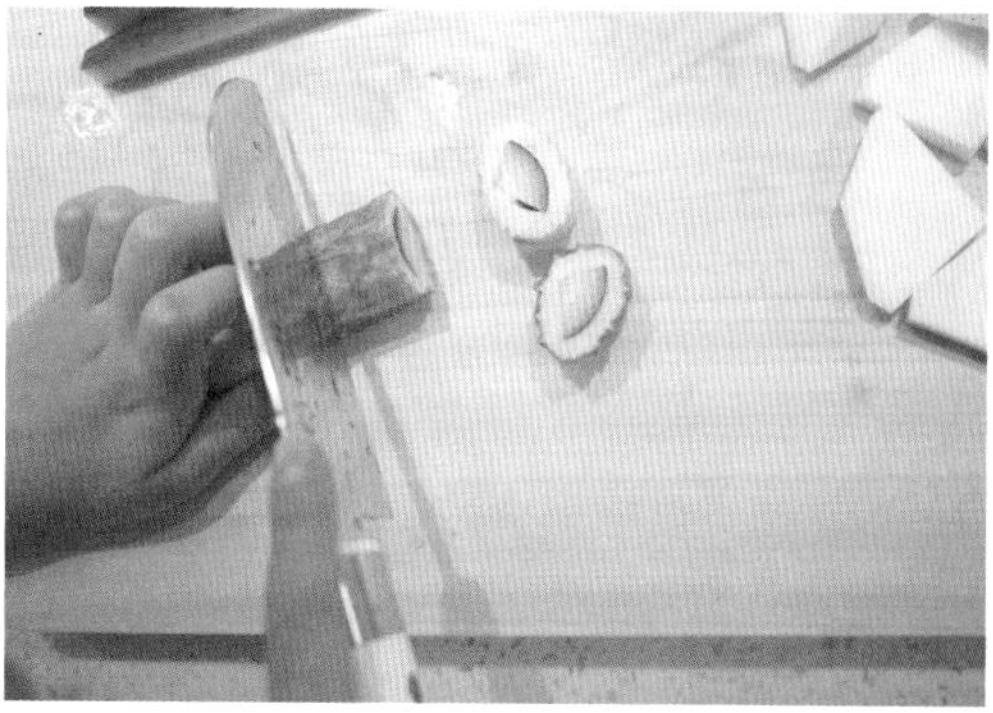

# 体型

私の体型は安定しているようで常に変化しています。

10代後半から20代前半は、身長１６８・８cm48kgがベストでした。細いモデルが主流の時代だったので、ありとあらゆるダイエットに挑戦し、カロリー計算をしてキープ。かなり頑張っていました。そして無理をしていたがためにリバウンドをしてまた元に戻ったり、さらには体重が増加したことに焦ってまたダイエットをはじめたり忙しかったのです。

20代半ばから30代前半は、何となく自分の太りやすい食材や痩せやすいタイミングなどを把握できるようになり、ジムにも通って健康的な体型をキープ。

そして、子どもを授かり＋15kg。人生初のまん丸体型に驚いたけど、はたして元に戻るのか（戻せるのか⁉）不安はありつつも喜びが勝り、そんな自分を何度も写真におさめました。

そしていま。40代。

正直、体型キープが簡単ではないな、と思ってはいます。

昔と比べて筋肉が痩せて脂肪のつく位置が変わり、たとえ体重が変わっていなくても見た目がはっきり変わってくる。痩せると老けて見え、太るとなんだか野暮ったい。

そのことに気づかされるのが40代。

特に私は上半身が痩せやすいので、しっかり食べて顔の丸みやデコルテがげっそりしないように気をつけたいところ。

上半身がベストになると、今度は下半身がしっかりしてしまうからウォーキングとむくみ防止のマッサージは欠かせません。ウォーキングは一日に30分から60分。マッサージも一日に30分から60分。マッサージはなかなか痛いのだけど、効果があるから日課にしています。

あとはパーソナルトレーニングを追加できたらより良いかたちで体型維持をしていけるんだろうけど、いまの私はなかなか時間を作れないからまずは自分で。姿勢を正してさえいれば、多少お肉が増えてもお尻が下がっていても美しく見えるのだから♪と楽観的に過ごしています。

職業柄、体型維持は必要だけど何事も適度に力を抜いて♪の心持ちが維持していける秘訣なのかな。

# モデルという仕事

モデルになったきっかけは中学生の頃、道でスカウトをされたから。

しかも、おしゃれなことに青山で。

私は中野区野方で生まれ育ったのですが、中学からは神奈川にある女子校に通っていました。ある日、友達とはじめて学校をさぼり青山で遊ぶことにしました。何故さぼったのか、理由は全く覚えていないのだけど何のためらいもなく電車に揺られ青山へ。そこで突然名刺を手にした男性にスカウトされたのです。

芸能界には興味がなかったのと、せっかくの青山時間なのでお断りをしようかと思ったのだけど、ハーゲンダッツでアイスクリームでも食べながら話を聞いて

欲しいと言われ……中学生には高価なハーゲンダッツ。それもお店で。友達と相談するなんてことはなく、そのままハーゲンダッツに向かったのでした。いまでも覚えている、私はメイプルウォールナッツとラムレーズンのダブルでした。

美味しかったな〜〜。

失礼なことにこの日の会話は全く記憶になくて、数日後その方から自宅に電話がありました。母がお話をさせてもらって、まずは家族で一度会って食事をすることに。

向かった先は、おしゃれなイタリアン。私が注文したのはカルボナーラ。

美味しかったな〜〜。

しかし、私はこの時の会話もほぼ覚えていませんでした。

夜に母と話し合いました。習い事のような感覚で一度オーディションを受けてみようか、と。

未知の世界だし、まだ中学生だし、いつだって辞めることはできる。私は引っ込み思案で特に趣味もありませんでした。それと背が高いことがコンプレックスでもあったのです。何か自分を変えられるきっかけになるのかも。うっすらとした軽い気持ちだったけど、学校がお休みの日だけやってみることにしたんです。
まずはプロフィールとなる宣材写真を撮るためにはじめてスタジオというところへ向かいました。まだ14歳だったので母と一緒に。スタジオには見たことのない背の高い機材が並べられていて、人がたくさんいて（スタジオマンさんです）まぶしいライトがたくさん。緊張を通り越して息を吸うのがやっとでした。

そんな様子の私を気にして、スカウトをしてくれたその方はヘアメイクさんやカメラマンさんを紹介してくれた後は冗談ばかり言っていたような気がします。

ヘアメイク中は目を瞑《つぶ》っていたからあまり記憶にないのだけど、ヘアメイクさんが優しかったことと、目を開けたら見たことのない自分の姿があったことは覚えています。ナチュラルなメイクだったはずだけど、メイクをしてもらうなんて七五三の時くらいだったから、いつもの自分との違いにちょっと恥ずかしくなりました。

自宅にあったその当時の自分の中では一番お気に入りだった服を着て、カメラの前に。

棒立ち。笑うことはできませんでした。

カメラマンさんが、好きな色を選んでみよう！　と隣の部屋に連れて行ってくれて、バック紙（背景に使う色付きの紙です）を選ばせてくれました。ど緊張でもう何色を選んだのかも思い出せないけど、そんな優しい気遣いに少しだけ笑顔になれた気がしました。

帰り道、私にとってはだいぶ刺激的な時間を過ごした後、急にお腹が空いて母と駅ビルの中にある天麩羅屋さんでたらふく食べたことはしっかり覚えています。

後日出来上がった写真を見て驚きました。ガチガチで無表情に近い私が何枚も並ぶ中に数枚だけ少しだけ口角の上がった私がいたのです。

そう、私は元々写真に撮られることが大の苦手で、無邪気な顔を見せるのは家族写真の中だけでした。幼稚園の卒業アルバムの個人写真は、低い体勢で隠れている先生が下から私の横腹をくすぐっていたので笑っていただけだし、大好きなマイメロちゃんがサンリオショップに来店した記念イベントでは、可愛いマイメロの隣で半泣きの私の写真が残っているほど。

スカウトをしていただいたけど、やってみようと決めたけど、やれる自信は全くなかったのです。

その日の宣材写真を使って、オーディションの話がやってきました。ＰＥＮＴＡＸのカメラのＣＭのオーディションで、その当時話題になっていた鴨川シーワールドにいる笑うアシカを嬉しそうに撮る女の子の役でした。

学校帰り、またまた緊張で会場に向かいました。待合室の独特な空気感、目の前に並ぶ可愛い女の子たち、自信のない私は震えました。自分の番になりオーディションの会場に入った私は、自己紹介の途中で泣いてしまったのです。これから楽しそうにカメラを覗かないといけないのに泣いてしまった。審査員の大人たちが何故泣いているのかと、問いかけてくれたのに対して、はじめてのオーディションで不安になってどうしたら良いかわからない……と答えました泣いて。自己嫌悪に陥り、マネージャーに謝り帰宅して母にもそのままを伝えました。

だけど結果、そのＣＭに受かったのです。

不思議でした。

当日、鴨川シーワールドに到着すると水族館というシチュエーションも手伝って

か、さほど緊張はなく、はじめてのお仕事は新鮮で面白いと思いました。水族館を眺めながらのランチのシーフードカレーが、何とも複雑だったけれど美味しかった。

その後は、愛読していたティーン誌『プチセブン』に顔見せに連れて行ってもらい、お仕事をいただくようになります。

同世代のモデルさんはみんなキラキラしていて、カメラの前に立つと堂々としていました。

私は相変わらずカメラ前となるとガチガチで、ポーズも脚をクロスするか腰に手をあてることくらいしかできず、難しかったっけ。何度も何度も回数を重ねて少しずつ現場の空気に慣れ自然に笑える日が増えていったのだと思います。

　プチセブンのモデルはみんな仲が良くて、第二の学校のようなその場所が好きでした。みんな学生だったから、撮影は週末か平日の放課後。試験が近づくとロケバスの移動中は片手に参考書。そしてやっぱり恋話も絶えなくて、恋愛未経験の私は話を聞く度にドキドキさせられていました。懐かしいな〜〜。

　3〜4ヶ月ほど経ったある日、いつものようにヘアメイクをしてもらうために編集部に向かうと、編集者の方が「ついに、麗子にもファンレターが届いたよ！」と教えてくれました。当時、編集部にはモデルそれぞれの箱があって、その中には読者の方から届いたファンレターが整理されていたんです。

　すごくすごくすごくすごく嬉しかった‼　私のことを誌面で見て知ってくれて、お手紙まで書いてくれたんだ！　すごい！　すごーい！！

　封筒を開けると、そこには麗子ちゃんの笑顔が好きです。元気をもらっています！　とか、ワンピースを着ているカットが好きです、とか応援してくれる励みになる言葉がたくさん。

自信がなかったけど、私なりに頑張っていたらそれがちゃんと届くんだ。毎号楽しみにしてくれている方がいるんだ。

いまのようにSNSのない時代。相手にメッセージを届けたいのなら、わざわざレターセットや切手を用意したり、ひとつひとつに手間のかかる時代。一通一通の気持ちがちゃんと届き、読み返してはまた頑張ろうと思えました。

CMや広告のお仕事をしながらプチセブンの専属モデルだった私。控えめな性格は相変わらずではあったけれど、周りにいるスタッフやモデルのみんなのおかげで14歳からの青春時代を現場で一緒に過ごさせてもらいました。

17歳の時に親が離婚をすることになり、とても悲しかったけど、子どもながらに母を助けたいと思っていたので、離婚が決してマイナスな結果ではないことも知りました。普段は明るくしているけれど、時に辛い顔をしている母の姿はもう見たくなかった。小学生の弟と妹もいたので、この時私の中で覚悟のような、強い気持ちが芽生えたんです。一家の大黒柱になろう！と。いまも娘がいるおかげで強くいられる自分がいるけど、この時も同じ。

私は、自分ひとりだったら、のほほ〜んと過ごしがちだし、そんなに強くはなれないけど、守るべき存在がいるとブレずに前に進むことができるみたい。

10代が終わる頃、ティーン誌を卒業することになり、19歳でＪＪモデルに。今までの雑誌と比べたら急にお姉さんな感じで、モデルの雰囲気も衣装も私には大人っぽくて、またモデルをはじめたばかりの頃の自分が顔を出しました。

人気のＰＲＡＤＡやＧＵＣＣＩに続き、ＭＩＵ ＭＩＵがデビューしたばかりで、バッグの持ち手がキラキラ光っていたのを覚えています。欲しいな、と思ったけど金額を確認して夢は遠のいたりして（笑）。……スタイリストさんの用意してくれた衣装や小物に負けてしまわないように、モデルとしての自分を高めていかなきゃと思いました。

親の離婚も関係していたのだけど、ずいぶんと前から家庭が金銭的に厳しかったので、貯金はもちろんのこと、手持ちがなくて交通費を浮かせるために歩けるところまで歩いたり、光熱費が支払えず電気が止まった時は水のシャワーを浴びて自然乾燥させて現場まで向かったこともありました。
その頃の私は恋愛なんかしている暇はなく、とにかく目の前のことに必死。他の人と比べてしまうことは多少あったかもしれないけれど、悲観することは全くなくて自分の目標に近づけていけるように前だけを見ていたんです。

しかし何よりも私にとって大変だったのは、食べることが好きなのに体重コントロールをしなくてはいけないという現実……。現在では、痩せすぎたモデルは起用されない「痩せすぎモデル禁止法」が世界中で統一されていますが、「モデル＝細い」「細い＝美しい」当時はそんな風潮がまだあったのと、組みのカットが多かったのではっきりとモデル同士が比べられてしまうのが実情でした。

写真もデジタルではなくてフィルムだから誤魔化しがきかない。もう少し痩せて欲しいと言われることもあったので、ダイエットに励みました。ウォーキングの量を増やし、カロリー計算をし、食前には糖質の吸収量を抑えてくれるサプリメントを摂取、脂質の多い食事を摂る時は油分の吸収を抑えるサプリメントを必ずポーチにインしていました。

やるからには徹底したい性格なので、しっかり頑張って痩せました。そうして

他のモデルさんと並べるくらいにはなったけれど、冷え性になってしまい風邪をひきやすいし、何より大好きな食の楽しみが減ったので元気がなくなり……（笑）。無理はやはり良くないですね。リバウンドしてしまった……。あの頃の私は痩せたり戻ったり、丸くなったりを繰り返していました。

……と体型についての話にそれちゃったけど、20代はＪＪを約４年、その後複数の雑誌でもお仕事させていただきました。

ＣＬＡＳＳＹ．、ＭＯＲＥ、Ｓｔｙｌｅ、éｆ、ＬＵＣｉ、ＭＩＳＳなど……今ではもうない雑誌もありますが、それぞれ出版社や求められる女性像が異なる中で貴重な経験をさせていただきました。

そしてＡｎｅ　Ｃａｎが創刊されたタイミングが27歳。また新たな場所で想像もしていなかった世界が待っていたのです。編集部もモデルもみんながひとつになって同じ方向に進んでいくAneCanの方針はとても魅力的で、新たな試みがたくさんありました。

中でも印象的だったのは、以前の反省から自分の体と向き合って健康的なダイエットを心がけていたら、それを企画にすることになって、まさかのセミヌードの表紙が誕生したこと。撮影の中で、体のラインを美しく見せるカットがいくつかあったのだけど、当初はその中の別カットが表紙の予定だったんです。その流れの中で撮った2〜3枚の写真、自分のお気に入りのハートのネックレスだけを身につけて手で胸元を隠しているだけの写真が、表紙に選ばれた。良い思い出です。

AneCanをやりながら30代半ばからは、ひとつ上の大人の存在だった雑誌Marisolをスタート。甘く可愛らしい女性像を長年求められていた私が、また違う大人の女性像を求められる。自分をしっかり持ちセンスの良い自立した女性は、ある意味憧れでもありステップアップを求められた試行錯誤と成長の時期でもありました。

この頃ＳＴＯＲＹでのお仕事もスタートしました。編集の方もライターさんもスタッフみんながパワフル。おしゃれもメイクも大好きだし、流行り物、旅や食、開運などなど、とにかく好きの振り幅が広くて驚かされました。人生を豊かに楽しむコツを心得ていらっしゃる先輩たちからは会う度に元気をもらったし、妊娠が発覚してからは母としての心強いアドバイスもたくさんいただきました！

産後復帰して、そして半年ほどでシングルマザーになった私は、ＳＴＯＲＹの現場に支えてもらうことも多かったのです。

新型コロナウイルス感染症の影響で撮影がストップしたり、先が見えなくなって洋服が以前のように売れなくなったりもしました。先が全く見えない世の中になってはしまったけれど、どうにか読者の皆さんに少しでも明るい気持ちになってもらいたく、カバーモデルとしてマスク姿に挑戦もしました。女性誌では初の試みだったそうですが、やろうと決めた編集長やみんなの気持ちに私もやりましょう！　と迷いはありませんでした。マスク姿だと笑っていても笑顔に見えないので、目の表情や動きにいつも以上に意識を配りながら撮影をしたことをついこの間のことのように鮮明に覚えています。

気がつけばモデルをはじめて30年目になります。

スタートした背景には色々あったけれど、その色々が結果的に私をモデルという仕事から遠ざけなかったように思います。正直辞めたい瞬間はいっぱいあったけど、辞めるという選択肢を与えてはくれなかった。そのおかげで長く続けることができて、こんなにも長い間雑誌モデルをやらせてもらえたのだから有難い。

数々のご縁と、支えてくれた家族や周りの方々、応援してくださる方々からのメッセージにいつも背中を押してもらい助けられていたんですよね。

いまは生活費のためだけにお仕事をしているわけではありません。もちろん、私ひとりで娘との生活を維持していくわけだからこれからも頑張っていかないといけない。だけど、純粋に雑誌モデルのお仕事が楽しいんです。テーマがあって、プロの方々が用意してくれた洋服があって、メイクをしてもらい、写真に映し出してもらう。現場にはいないけど、この企画を時間をかけて考えてくれた多くのスタッフさんに、この洋服を試行錯誤してかたちにしてくれたアパレルの方々に、たくさんの想いがある。

モデルというのは、そんなみんなの想いを代表する役割。そこで選ばれた一枚が、自己満足ではなくみんなが納得のいく一枚で、読んでくださる読者の方々の目にも留まってもらえて、そして最終的には売り上げに繋がらないといけない。そこにたどり着いた時に、はじめて仕事は喜びに繋がり、私は安心できるんです。

この先いつまで続けていけるかわからないモデルというお仕事。時代も変化するし自分も変化していくけれど、ファッションはなくならないのだから私も変化しながら繋がっていきたいと思っています。

SAWAMURA

渋谷三丁目 Shibuya-Sanchōme (Shibuya 3)
渋谷三丁目

営業時間 9:00〜21:00
水曜日：定休

サハE233-13

全額

東京HG
東京ハウス

# 道は食べ物屋さんで覚えている

どうやら私は、道は食べ物屋さんで覚えているらしい。マネージャーにそう言われました。

どちらかと言うと道を間違えやすく、地図も読めない。グーグルマップも便利なのでよく開くけれど、使いこなせず結果スムーズに目的地には到着できません。だけど、一度訪れたことのある場所は鮮明にインプットされていることが多く、よっぽど外観など変わっていなければ何年経とうが覚えています。

確かにマネージャーのご指摘通りに、角のパン屋さんとかお蕎麦屋さんの看板などが自然と頭の中に入っていて、パン屋さんを左に曲がって2つ目の信号から3軒先のケーキ屋さんの裏にあるスタジオ……なんていう風に記憶されています。時間の許す限り、気になるお店では何かしらを購入するので味もしっかり記憶されています。

そして美味しいものはシェアしたい！　というお節介心があるので、マネージャーと移動中もいちいちおすすめを紹介してしまうのです。会話を途切れさせてでも、紹介してしまうのです。

ごめんね……。

私は道は食べ物屋さんで覚えています。

# 出汁のようなモデル

ある時、事務所の社長に優しい笑顔で言われました。

「麗子はまるで出汁のようなモデルだよね」と。

え？　出汁？　出汁のようなモデル？　って何？　思いもよらないその言葉に思わず吹き出しそうになりました。

よくよく話を聞いてみると、決して派手ではなく特別流行に乗っているわけでもない。だけど、いつでもどんな時でもみんなをそっと支えている存在で、実は存在不可欠な役目をしていると……。だから、食材に例えるとするなら和食に欠かせない「出汁」とのこと。

私にとって、それは最高の褒め言葉でした。

モデルをはじめて30年目。10代、20代、30代、そして40代。正直ここまで長く

出汁のような
モデル

モデルのお仕事を続けさせてもらえるとは思ってもみませんでした。山あり谷あり、時たま深い崖に落っこちそうになりながらも周りに支えられて続けてこられました。これには感謝しかありません。日々感謝しています。

私、欲はあるんだけどないんです。

どっちなんだよ！　って話なのですが、モデルとしてやりたいことややってみたいことはしっかりある。理想のモデル像もある。だけど、一番になりたいわけでも、目立ちたいわけでもないんです……。

私は今まで通り、周りと比べずに自分らしくいたい。

時代の流れにはある程度は乗らないといけないけれど、そこに自分らしさや信念がなくなってしまうのはまた違うと思うんです。ＳＮＳが身近なだけに、何かあれば周りと比べてしまえるし、そこにはポジティブになれる発信もあればその逆もありますよね。だからこそ、自分をしっかり持つことが大切なように思うんです。どんな時代にもやっぱりこの人が必要だな、と思われるうちのひとりでいられるために、私はこれからも私らしく。

「出汁モデル」を誇りに頑張っていきたいのです。

# 毎年冬は声が出ない　12月の声変わり

お恥ずかしい話なのですが、私は毎年冬になると声が出ない時期があります。雑誌モデルのお仕事は基本写真撮影なので、これは言わなければ皆さんには気づかれないことなのですが……聞いてください。

昔から喉が弱く、乾燥する季節に疲れが溜まるとやられる。元気なのに、食欲もあるのに、声がカスカス……加湿器を欠かさず、室温計も用意し、うがいにのど飴、マヌカハニー、マスク、色々試して気をつけていてもちょっと油断するとやられてしまう。

12月は忘年会シーズン。普段お会いできない方やお世話になっている方々とやっと集まれたというのに、声が出なくて話せない。ジェスチャーで会話に参加しようとする私を見て「また今年も！？？」と何度苦笑されたことか。すみません……。

娘が2～3歳の頃が一番辛かった。あちこち走り回るようになり、危ないから目が離せないし声をかけなきゃいけないのに声が出ない。危ないと伝えたいのに伝えられない。

保育園に入園したばかりで毎月のように何かしらの風邪をもらってくる娘を病院に連れて行くというのに。この時ばかりは、アプリで予約も問診もできちゃう現代に感謝したものです。

そんな喉が弱い私。

できるだけ喉に負担をかけないように日々暮らしています。

おすすめがあったら教えてください～。

毎年冬は
声が出ない
12月の声変わり

# もちもち

私の好きな感触のひとつが「もちもち」。

まず、お餅が好き。お餅というと冬のイメージが強いみたいだけど、高垣家は一年中お餅をよく食べます。

それと、お団子。特にみたらし団子とすあまは特別。子どもの頃からどんなにお腹がいっぱいでも、この2つを見かけるとおねだりをしていました。

私の地元の野方商店街に行きつけの和菓子屋さんがあって、母とスーパーに寄った帰りは決まってお団子を買ってもらったものです。いまはなきあの和菓子屋さんがとても懐かしく恋しい……。

もちもちの米粉パン、ベーグル、それとグミやタピオカも大好き。パッケージに〝もちもち食感〟などと書かれていたら即カゴへ。

もちもちと言えば娘の頬っぺとおしり。赤ちゃんの頃はその感触に埋もれたくて毎日むぎゅむぎゅ頬ずりしていたけど、最近は白い目で見られています。

なので彼女が寝た後に、こっそり楽しんでいるのでした。

# 電化製品に慣れないけど

いまｉＰｈｏｎｅでこの文章を書いています。いつも私はｉＰｈｏｎｅ。雑誌の連載もＳＮＳもどんな長文であっても昔から携帯電話しか使ったことがないんです。パソコンやｉＰａｄは一応用意があるんです。ｉＰａｄは娘が使う日が来るのかな？　と思い、お絵描きや知育ゲーム？　も楽しそうだからと用意しました。ただ、使う習慣のない私はそれらをしまったきり取り出すことを忘れてしまう……。

これだけ便利な世の中なのに、私はその便利さを活用せずにきました。

娘が３歳になるまで、つまり３年前まで炊飯器も電子レンジもわが家にはなかったのです。

それがあたり前だったので、離乳食を作る際もお鍋でやわらかめにお米を炊いて、温めたい食材は蒸し器。レトルトを活用する際も、毎回お鍋や器に出したものを蒸し器に移しかえて温める。友人に「ただでさえ子育てと仕事とで時間がないのに、何でわざわざ不便な方を選ぶんだ⁉（笑）」と驚かれたけど、不便だと思ったことは一度もありませんでした。

土鍋の炊き立てのご飯や、蒸し立てのふっくらしたお魚やお肉がとてもとても美味しくて満足していたんだと思います。それに、キッチン周りの収納が限られていたので炊飯器と電子レンジを置く場所がなかった。

きっとこの先も、よっぽど必要としない限りは買い揃えることはないでしょう。そう思っていたある日。

ついにそれを迎え入れる日がやってきたのです。

娘と子ども向けのお料理番組を見ていたところ、まずは刻んだ玉ねぎをボウルに入れて電子レンジで3分チン♪

「まま、でんしれんじってなあに？」

「あ！！！」

そうか。娘は電子レンジの存在を知らないのか。言葉でわかりやすく説明をしても娘には理解ができず、首を横に傾ける。

そして、おままごとの際にも問題が。炊飯器のおもちゃが直火でコンロの上に……そうか。そうだよね。そうなる……よね。土鍋で炊くご飯も、蒸し器で温める美味しさも知って欲しい。だけど、炊飯器の便利さや電子レンジの存在も教えなくては。迎え入れた電化製品。いや〜〜　便利ですね〜（笑）。

しかも、最近の新商品は進化していてお米を研いでくれちゃったり、レンジも食材によって細かく秒数とＷ数の調節ができちゃう（使いこなせてはいませんが）。これからお手伝いや、娘がひとりで何か作りたい時がきても火を使わなければある程度は安心だ。

そして、いつの日か娘が私にパソコンを教えてくれる日が来るのでは……と密かに期待。相変わらず電化製品は最小限な方ですが、取り入れてみようとの考えも生まれています。

電化製品に慣れないけど

# 温泉

いま一番行きたい場所は？　と聞かれたら、迷わず「温泉宿」と答えると思います。夏であっても。

温泉って、何故あんなにも心地いいんだろう。体が芯から温まりほぐれていく〜。自宅の湯船も欠かせないけど温泉はまた別格。

地域によっても質が違うから面白いですよね。日本全国巡ったわけではないけど、今まで訪れた中で私が好きだったのは、神奈川県の箱根宮ノ下温泉と北海道の十勝川温泉。箱根は好きなエリアでもあるので家族でもよく足を運ぶのだけど、宮ノ下温泉は短時間でも効果を感じるんです。芯から温まった体はポカポカして冬であっても冷えにくくなる。

私は末端が冷えやすい体質なのだけど、体の細部まで血流が巡るから顔色が見違えるほど良くなるんですよね。それでいて刺激が少ないから湯あたりすることもない。私の好きな富士屋ホテルには日本ではじめての室内温水プールがあるのですが、宮ノ下の天然温泉を使用しているのでお肌にも良いしおすすめです。
北海道の十勝川温泉は植物性の有機物を多く含んでいて、まるで化粧水のようなとろみがある珍しい温泉。このトロ～ッとした感触はつい子どものように何度も両手ですくってみたくなる。かつてアイヌの人たちからは〝薬の沼〟と言われていたそうだけど、自然の恵みだけで湯上がり肌はもっちもち。

ああ～

温泉を思い出したら今すぐ行きたくなってきた。

日本全国温泉巡り、私の目標のひとつでもあります。

# 人見知り克服の20代

人見知りを克服したいと強く思っていた20代。

撮影現場ではJJなど毎月必ず会うメンバーとは話せても、新たな場ではもじもじとしてしまい、話しかけられたら応えることはできても自ら口にできるのは挨拶＋ちょっとしたひと言くらいで、頷いていることが多かったように思います。

特に一番ドキドキしたのはランチ時間で、撮影中は仕事スイッチが入って集中しているから良いものの、気が抜ける休憩時は人見知りの自分が顔を出すのです。対面式のテーブルだとなおさら、何か、何か話さなければ～～とひとりで勝手に焦っていたものです。

そんなある日、タクシーの中で運転手さんに話しかけてみることにしました。

「今日は道は混んでいますか？」とか「現金払いとクレジットカード払い、どちらの方が多いんですか？」とか、そんな会話だったと思うのだけど、自ら話しかけてみたんです。対面ではないし、10分ほどの道中だし、この条件なら私でも話しかけることができるかもしれない……と思ったんです。電車やバスでの移動がメインだったけど、タクシーに乗れる時はチャレンジしてみよう！　と。

意外とそれが楽しくて、お話好きな方だとタクシー運転手になった経緯を教えてくれたり、お孫さんの写真を財布から取り出して見せてくれたり。

飴ちゃんをくださる方も多かったのだけど、中でも「この2種類の飴を同時に食べると最高だよ！」と教えてくださった〝黒飴〟と〝金のミルク〟のミックス技は私の中で定番になり、いまも缶に入れて毎日持ち歩いています。このコクのある甘さが甘党にはたまらないんだ〜♪


で、人見知りは結果的には克服していません（笑）。

ただ、ほんのちょっと勇気を出したら意外にも話せたことや、自分は人見知りだという思い込みがより人見知りに導いているのだと気づいたことで、だいぶ会話を楽しめるようになったと思います。

自己主張は苦手だ……とか言いながら、私はいまこんなにも自分のことを書いています。書くことは口にすることとまた違うけれど、主張はできるのだから大丈夫。

と、思っています。

# 爪は短く

20代30代と3週間に一度の割合でネイルサロンのお世話になっていた私が、素の爪に戻してから気がつけば6年が経ちました。

きっかけは妊娠。産後しばらくは自由がきかなくなるだろうと、思い切って素に戻したのです。

私の爪はだいぶ薄くなってしまっていたし、その弱々とした頼りない姿と色のなさがあまりにも殺風景でちょっと悲しかった。だけど、6年も経てばすっかり素の状態に慣れていまではこのナチュラル感がしっくりきています。

私はギリギリまで爪を短くしたい派で、少しでも伸びると切るようにしています。それも爪やすりは使わずに、爪切りでパチンパチンと大胆に切ります。乾燥

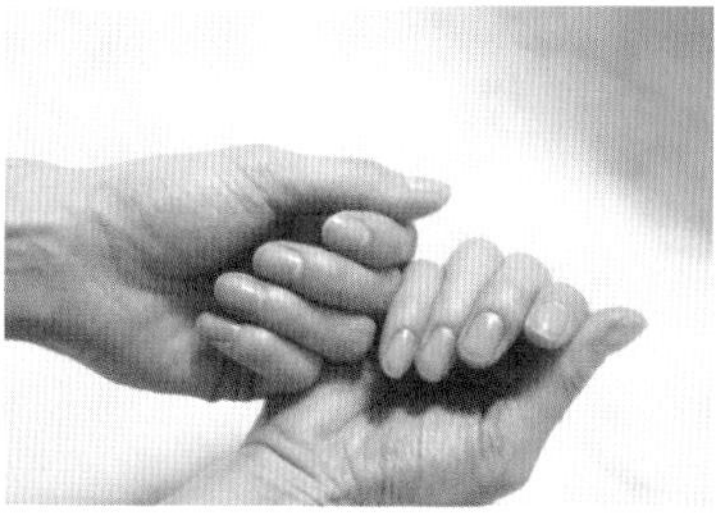

している状態で切ると二枚爪になるので、お風呂上がりにたっぷり保湿をしてから切ります。

そして切った後にまた保湿。素の状態だからこそ、色やアートでは誤魔化しがきかないからこそ、できるだけ指先を綺麗に保つため保湿は欠かせないのです。

打ち合わせの際も友人とお茶をする際も、テーブルの横には必ずｉＰｈｏｎｅ、ハンドクリーム、リップクリームの３点セット。

それと月に一度だけ、ヘアサロンでトリートメントをしてもらっている隙にハンドケアをしてもらいます。表面が磨かれて甘皮がなくなりスッキリとした爪は、本来の姿に磨きがかかり心地いい。

撮影時はマニキュアです。

可愛い色を見つけたら真似していまーす♪

# 洗濯へのこだわり

基本、洗濯機は毎日まわす。

白物と柄物はまとめて一緒にまわす。

「ドクターベックマン」の色移り防止シートが優秀でね、シートを1枚入れてまとめ洗いするだけで、色移りを防ぐだけじゃなく結果的に節水・時短に繋がるんです。

洗濯洗剤はミヨシのそよ風。柔軟剤は使いません。

わが家の洗濯はこんな感じで、シンプルに効率良く。

しかし、先日やってしまったよ。

娘のポケットにティッシュペーパーが入っていたみたい……これ、一番気をつけたいミス。いつも必ず確認していたのにやってしまった。

バラバラに散乱されたティッシュをひとつひとつ細かく取り除く。乾いた後にまたローラーテープでコロコロ。

うーん……。

こうなってしまうと時短とは程遠くなってしまうから要注意……。

# 洗濯物の干し方

洗濯物の干し方って、人それぞれこだわりがありますよね。几帳面だったり、大雑把だったり、その人の人となりを干し方から感じられる気がする。そして日々のことだから意識をしないと気づかないけれど、気にかけてみると面白い。

私は洗濯バサミは使わずに、ＫＡＫＡＬというランドリースタンドに一枚一枚かけています。

セーターなどの平干しもできるし、サイドのバーにハンガーをかければ着丈の長いものもＯＫ。

出産直前にアカチャンホンポで見つけたクリップタイプのハンガーを固定して丁寧に。ノンアイロンを目指して一枚一枚丁寧に干すと気持ちが良いものですよね〜。

ちなみにバスタオルをふわっとさせるコツは、干す前に大きく広げてバッサバサと10回ほど激しく振ることなんです。この様子が面白いらしく、わが家ではバッサバサ鳥のポーズと命名されているのですが……。

繊維が立ち上がってふんわり仕上がるからおすすめです。皆さんもぜひ！

都営バス
Toei Bus
院中等部前 Aoyama Gakuin Chutobu-mae
渋谷駅前 行

# 昭和が好き

昭和に生まれ、平成を過ごして、いま令和。

流行とは20年で一周されると言われていますが、また昭和のファッションやメイクが若い子たちに新鮮にうつり流行っているようです。雑誌のレイアウトやフォントまでもが何だか懐かしい。

好きです。この感じ。

何なら流行っていないこれまでの時期もずーーっと好きでした。

私のPinterestの中には、実はそんな懐かしい世界がいっぱい。仕事の資料写真との温度差がすごいので、一応鍵付きにしていますが、いつ見てもテンションが上がるのだから一生好きなのだと思います。

あの頃身近にあった、りぼんの付録とかサンリオショップのおまけとか、ファンシーな文房具たち。懐かしいったらありゃしない。

「あ！　これ！　これ知ってるーー！」って、共感してもらえたら嬉しいです。

# うちのフレンチトースト

幼い頃、朝、目が覚めてバターの風味豊かな香りがすると大喜びでした。今日の朝ご飯は〝フレンチトースト〟だ。朝から甘い物を食べていいだなんて特別な日。

わが家は、月に1〜2回週末になるとフレンチトーストかホットケーキの朝がありました。その習慣をすっかり私も受け継いだようで、週末になるとパンがあればフレンチトースト、なければホットケーキを焼くようになったのです。

私がよく焼くフレンチトーストのレシピはこちら。

焼き上がる直前にざらめ糖をひと振りすることで、ふわっとしたフレンチトーストの表面がカリッとして美味しいです♪

# フレンチトースト

◯材料（２人分）

食パン
（できれば４枚切りなどの厚切り）
…２枚
卵…１個
甘酒…１５０ml
牛乳または豆乳…70ml
バター…10g
ざらめ糖…適量
メイプルシロップ…お好みで

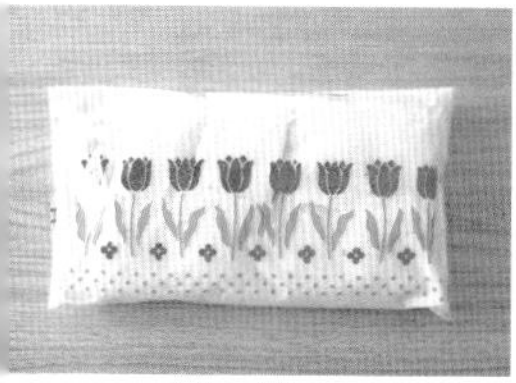

◯作り方

❶ボウルに卵を入れてよく溶き、甘酒と牛乳（豆乳）を加えてよく混ぜる。

❷食パンを２枚とも1/4にカットする。ジッパー付きポリ袋に入れて①を加え、途中上下を返して一晩漬ける。

❸熱したフライパンにバターを溶かし、②のパンを弱火で焼く。両面が焼ける前にパラパラとざらめ糖をひと振り。焼き目がついたら完成。甘さが足りないようならメイプルシロップをかけて召し上がれ♪

# うちのハンバーグはパンの耳入り

母の作るハンバーグには1cmくらいにちぎられたパンの耳が入っていました。これがね、美味しいんですよ。お肉を邪魔しないほどの少量なのだけど、食べる時にちゃんと入っているか確認をするのが私の癖でした。

サンドイッチを作った際に余ったパンの耳は、カラッと揚げて砂糖をまぶしておやつによく登場しました。それも楽しみだったけど、もうひとつのお楽しみはハンバーグだったのです。

ハンバーグを作る母の横で、パンの耳をちぎって少量の牛乳に浸す。そんな小さなお手伝いも良き思い出。高垣家の定番の、パンの耳入りハンバーグ。ナツメグなどの香辛料はなし。玉ねぎは炒めても、レンジで温めても、何なら時間のない時は生のままでもＯＫ。簡単なのでぜひやってみてください。

# パンの耳入りハンバーグ

○材料（2人分）

合いびき肉…300g
玉ねぎ…$\frac{1}{2}$個
パン粉…$\frac{1}{3}$カップ
パンの耳…3本ほど
牛乳…60ml
卵…1個
塩…小さじ$\frac{1}{3}$
胡椒…少々
ソース
　水…60ml
　バター…大さじ1
　ケチャップ…大さじ3
　ウスターソース…大さじ2

○作り方

❶玉ねぎをみじん切りにしてレンジ500Wで5分加熱しあら熱をとる。生のままでも。
❷ひき肉に塩を加え粘りが出るまで混ぜる。パンの耳は1cmほどにちぎり牛乳少量に浸す。
❸ボウルに①、②、残りの牛乳を合わせる。その他の材料を全て入れてよくこねる。手に薄く油を馴染ませ、ハンバーグの形に整える。パンッと空気を抜き真ん中をくぼませる。
❹フライパンを熱し、両面を軽く焦げ目がつくまで焼く。水適量（分量外）を加え、蓋をして蒸し焼きにする。竹串などを刺して肉汁が透明になっていればOK。
❺肉汁の残ったフライパンにソースの材料をすべて加えて軽く煮詰め、ハンバーグにかけたら完成（ソースの酸味が気になる場合は材料に砂糖を少し加えてね）♪

# うちのコロッケはゆで卵入り

家庭の味付けって、それをベースに育ってきたからそれぞれの良さがありますよね。おふくろの味ってやつかな。

わが家のコロッケは、俵型でゆで卵入りが定番。母もそのまた母も代々同じ作り方。だからか、幼い頃にお肉屋さんに並んでいるコロッケが平らなかたち（小判型）で新鮮だったのを覚えています。コロッケサンドのために平たく作ってあるのかと思っていたのです。

そして、わが家のコロッケは必ず刻んだゆで卵入り。少し粗めに刻んで白身の食感を残すと美味しい。

高垣家のゆで卵入りコロッケ。ごく普通のレシピですが、良かったら作ってみてください。

## ゆで卵入りコロッケ

○材料(2人分)

じゃがいも…6個

ゆで卵…2個

豚ひき肉…240g

塩胡椒…少々

油…小さじ2

衣
- 薄力粉…大さじ6
- 溶き卵…2個
- パン粉…大さじ6

揚げ油…適量

ソースや千切りキャベツなど

○作り方

❶じゃがいもは皮をむいて芽を取り、8等分に切る。耐熱ボウルに入れラップをして、500Wのレンジで6分加熱する。やけどに気をつけて熱いうちに潰す。

❷ゆで卵を粗みじん切りにする。白身はゴロッと食感が残るくらいが美味しいよ。

❸フライパンに油を入れ、豚ひき肉を炒め塩胡椒をする。塩胡椒は少し濃いめがおすすめ。肉に火が通ったらボウルに移してあら熱を取る。

❹①、②、③を合わせてしっかり混ぜる。8等分にして俵型に整え、薄力粉、溶き卵、パン粉の順に絡める。

❺フライパンに揚げ油を注いで180℃に温めて両面を揚げる。きつね色に揚げ色がついたら完成♪

# うちの真っ白サンドイッチ

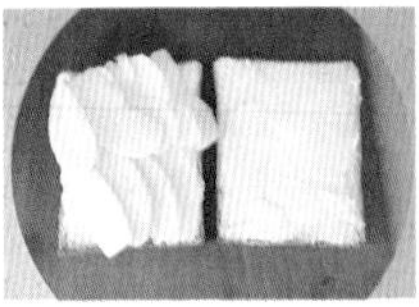

サンドイッチの中で、卵サンド、ハムサンドに続いて大好きだったのはりんごサンドでした。

食事系のサンドイッチと一緒に、デザート感覚で作ってくれたそのサンドイッチは、真っ白な食パンに白いクリームチーズとりんごがサンドしてあって見た目の白さから私は〝真っ白サンド〟と呼んでいました。

りんごの手に入らない季節になるとブルーベリージャムになったりしたのだけど、私はやっぱり瑞々しいシャキッとしたりんごと、コクのあるクリームチーズの組み合わせがたまらなく大好き。

ただサンドするだけなのでレシピも何もないのですが……参考までにこんな感じです。

## 真っ白サンドイッチ

○材料（2人分）

食パン（8枚切り）…4枚
りんご…半分～1個
クリームチーズ…適量

○作り方

❶りんごは皮をむき薄くスライスする。変色防止のため塩水（分量外）に浸しておく。

❷耳をカットした食パンの片面にまんべんなくクリームチーズを塗る。4枚全てに同じように塗る。

❸1枚のパンの上に水切りをしたスライスりんご半量を重ね、もう1枚の食パンでサンドする。同様にもう1組作ったら、しっかり包むようにラップでまとめ冷蔵庫で30分ほど冷やす（時間のない時は5分でもOK）。

❹冷えたサンドイッチを、ラップをしたままカットする。ラップを外したら完成♪

# 祖母

自分の暮らしや自分の好きなものを振り返った時に、母方の祖母の影響がとても大きいのだと気づきます。

私の祖母はとにかく優しくてとにかく食いしん坊で、あの目を細めたクシャッとした笑顔と笑い声は今も度々思い出します。

幼稚園の頃、私に弟や妹が生まれてから忙しくなった母のために、八王子から野方の自宅までしょっちゅう会いに来ては遊んでくれました。中でもトランプが得意な祖母は、まだ幼かった戦時中もトランプをしていたのだそうで、戦地に向かう父を見送ることが悲しくてトランプで自分が負けるまでは行かないで欲しいとせがんだのだそう。

結局負けてしまい、父親は戦地へ。そして帰らぬ人となりました。

だから、トランプには父親と最期を共に過ごした特別な思い出があるのよ、と教えてくれたのが印象的でした。

戦争って悲しいね。

幼稚園児だったけど、私はそう理解しました。

おやつに祖母が焼いてくれたホットケーキは、ふっくら厚みがあってほんのり焼き目があって、流れ落ちそうなバターとメイプルシロップがたまらなく魅力的でした。たぶん、私のホットケーキ好きの原点はこれ。シンプルで優しくて特別に美味しかったなぁ〜。

祖母は美味しいものが大好きで、それも若者が好きそうなピザやソフトクリームなんかにも詳しくて、美味しいお店を見つけては連れて行ってくれたし、自宅に届いた海外からの冷凍便の段ボールを開くと、ハワイから送られてきたアイスクリームが登場したことも……。祖母が旅先のハワイから、美味しいアイスクリームに出会ったからと送ってくれたものだった……！　おばあちゃん、やるな……と、衝撃的でした。

私が14歳でスカウトをされモデルのお仕事がスタートすると、それはそれは喜んでくれてＣＭはビデオに録画して、企業のポスターを壁に貼り、雑誌や広告のチラシなんかも大切に保管してくれていました。お仕事をさせてもらったメーカーの食パンが食卓に並び、洗面所にはその時出演していたＣＭの洗濯洗剤が並びました。

海外ロケの際は毎回必ずフライト便を確認されるから、なんでだろう？　と疑問だったのですが、母の話によるとフライト時間になると、お仏壇の前で無事に到着できるよう祈ってくれていたのだそうです。

私が大人になり、そして結婚をして2年も経たずに離婚を決断した時、少しずつ体調を崩していた祖母はたぶん私に伝えたいことがあったはず。だけど、その頃は以前のように会話もできず、一緒にいても、私も離婚については伝えたものの細かなことは何も言いませんでした。

月日が経ち祖母は寝ている日が多くなり、ますます会話ができない状態になっていきます。そんな中で私が再婚をしようと決め、そのことを伝える日がやってきました。

その日は目も開いていて穏やかな表情をしていたので、また新たな人と出会って再婚をしようと思っていること、一度目の結婚や離婚は色々あったけど気づきがあって、だから私は今幸せなんだということ。そしてこれから先、パートナーがいてもいなくても、子どもができてもできなくても、きっと私は幸せな道を進んで行けるから大丈夫だ、と伝えたのです。

すると、祖母が、

「安心した」

とだけ呟いて天井をぼーっと眺めて微笑みました。

自分のためだけじゃなくて、幸せにならないといけないと思いました。

それが祖母との最期の会話。

先の見えない時代になったけど、何だかんだ豊かな時代でもあります。価値観とか、幸せのかたちは人それぞれ。私が特別背伸びをすることもなく、目の前の小さな幸せをキャッチできるのも食いしん坊なのも、きっと祖母の影響。

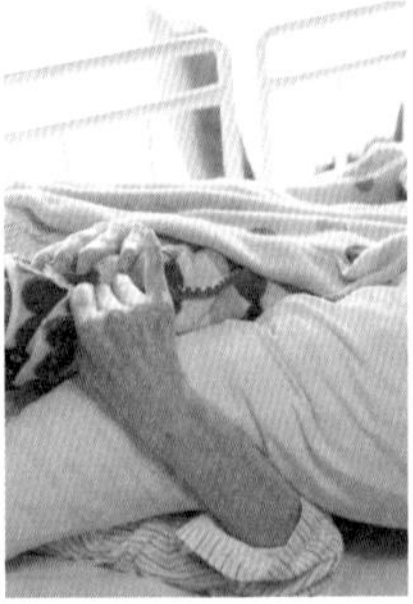

ありがとう、おばあちゃん。

# さくらとぽてこ

はじめてわが家にやってきたジローを筆頭に、父は柴犬をどんどん迎え入れ、一時のわが家は4匹の柴犬と子ども3人の大家族に。ご近所の皆さんからしたらさぞかし賑やかな（騒がしい？）一家だったことでしょう……。

その後長い年月を経てひとり暮らしになった私がまた柴犬を迎えられる日がやってきました。

その子がさくらです。

春、桜が咲きはじめた頃。柴犬の子犬情報を集めるなか、ネットの情報を頼りに訪れた浜松で待っていたのは、真っ白でコロンとしていて何よりも不安そうな三角形の目をした子犬でした。

たまらなく可愛いその子に一目惚れしたものの、衝動だけで決心したらダメだと自分に言い聞かせて、ひとまず近くの鰻屋さん（浜松といえば！　なので）でゆっくりお腹を満たしながら考えることに。

それでも私はもう鰻の味もよくわからなくなるほどにその子のことが頭から離れず……ここで決めなかったら一生後悔するな、と強く思い、迎え入れることに決めたのです。

あの時、決心ができて本当に本当に良かった。

さくら、出会ってくれて有難う。

さくらの性格はおっとりしていて食いしん坊。

そして怖がり。

そして全く吠えない。

吠えてもいいんだよ、と何度も伝えてみたけれど吠えない。

もしかしたら声帯に何か問題があるのかな？　と気になり診てもらったけど特に異常は見られず。「大人しいんですよ、吠えたくなったらきっと吠えますよ」との検査結果でした。

さくらとぽてこ

そんなさくらは、いま16歳。

おばあちゃんになってからは耳が遠くなったからかあんなに怖がっていた雷やサイレンの音にもビクともせず、よりマイペースに過ごしています。

そして、なんと、ここにきて吠えるようになってしまったのです。毎日ではないけれど、さくらのタイミングでワンワンワォーーー！

たまたまその場にいた母から動画が送られてきた時は驚きを通り越して笑ってしまったものです。無邪気な姿がまるで子どものようで愛おしい。

そんなさくらの娘が、さくらとはまた違うタイプの女の子「ぽてこ」。

常に元気が有り余っていて、何をするのも全速力。走っている姿がプーマのマークにそっくりだとよく言われるほど、ドッグランなんかに連れて行くと猛スピードで駆け回っていました。

彼女も今は14歳のおばあちゃん。

犬の場合、2歳しか年が離れていないと親子でもおばあちゃん同士になるのですね。

ぽてこもまだまだ元気です。

小さなサインは見落とさないようにしたいけれど、基本的にはストレスの少ない環境で楽しい日常を過ごさせてあげたい。

人も動物もやっぱり食と環境が大切なんだと思うんです。私ひとりでは限界があるので母に助けてもらいながら（大感謝）これからも一日でも多く楽しい毎日を過ごしていこうね。

# シングルマザー

母の日が終わり、来月は父の日です（現在は5月15日）。

今年もまたこの季節がやってきました。

昨年は父の日当日にたまたま娘と花屋さんに行き、贈り物の花束を選びました。一生懸命に一輪一輪を吟味する娘、そんな娘を微笑ましく眺めているお店の方。お会計が終わり、繊細な包装紙に優しく包まれたブーケを受け取る娘に「お父さん、きっと喜ぶよ。父の日だもんね」と笑顔で声をかけてくださいました。

「え。うちにはおとうさんはいないよ」とはっきり受け応えをした娘に、店員さんはあたふた。並んでいらっしゃったお客さまもあたふた。なんだかすみませんと思いました。誰も悪いわけじゃないのだけど。

娘が1歳になるよりも前に離れたので、娘には父親と一緒に暮らしていた記憶がありません。物心ついた頃から父親がいないのだから、それを疑問にも思わずに過ごしてきたんだと思います。

幼稚園に入園した頃は新型コロナウイルス感染症の流行真っ只中で行事はほとんどなく、あったとしても密を避けるために両親のどちらかが出席をするというかたちだったから、両親が揃った図はレアでした。

とは言え、3歳を過ぎれば娘も様々なことを理解できるようになってきます。シルバニアファミリーで遊べば、必ずお父さんうさぎとお母さんうさぎがいて子うさぎがいる。3点セット。テレビでちびまる子ちゃんを見れば、まるちゃんにはパパとママがいて（祖父母もいるけれど）それが家族の縮図。サザエさんもそう。

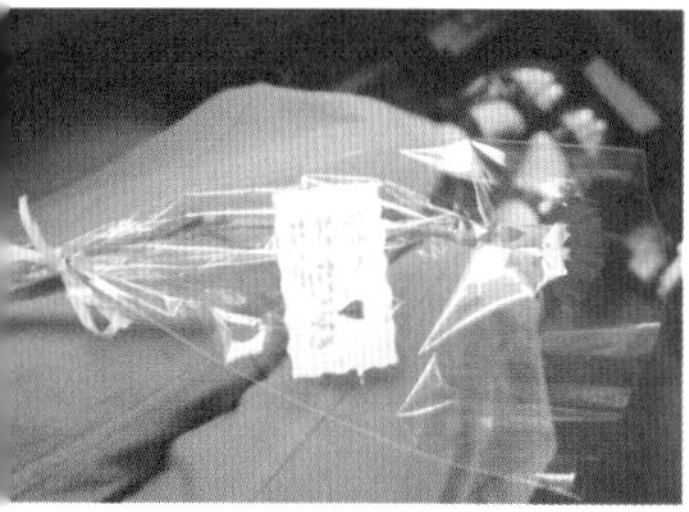

週末はお出かけをしてもスーパーに行っても公園に行っても、あちこちでファミリーを見かけます。
ある時娘がこう言いました。
「おうちにぱぱがいないのは、どうして？」
月に一度、父親との時間をもうける決まりを離婚時にしていたので、娘は父親が健在なのは知っています。会えば自分

の父親だということも知っています。ただ、何故一緒に暮らしていないのかはわからない。

「パパとママは昔は一緒に住んでいたけれど、話し合って別々に暮らすことに決めたんだよ」と伝えると「そうだったんだね」と意外にもあっさり。それ以上のことは聞いてくる様子もなく、私に気を遣っている様子もなく、でした。

私は二度の離婚を経験しています。

30代の頃、結婚して離婚して、また結婚して離婚しました。

なかなか激しい浮き沈みを経験して、どっぷりと疲れた。疲れ果てた。ある人からは、結婚とは忍耐だと言われた。忍耐力。

それはわかっています。

結婚を決意した時、何があっても生涯一緒にいようと思っていたし、何よりもしわくちゃになっても笑顔でいられるためには自分の努力も必要だと覚悟をしていました。けれど、結果的には離婚をすることになった。何度も何度も修復できないか考え試みたけれどうまくはいかなかった。その原因の一部をメディアで報じられてしまったので、その一部を知って色々言われたけれど、原因なんてひとつではないし、本人たちにしかわからないことがたくさんありました。

ただ、たくさん悩んで苦しんで決断した離婚という選択は間違っていなかったと思います。何故なら、私はその決断をいままで一度も後悔したことがないのだから。そして、何よりもいま、私には娘という宝物が存在してくれているのだから。

そんなこんなで、いつの間にか私は〝男運のない人〟と言われることが増えました。男を見る目がない、と言われるのです。2回の離婚経験があるとそう言われてしまうのか。相手の男性に対して申し訳ない……。もちろん、どんな意見があっても自由だけれど。


私が娘に対していつも気をつけていることは、母子家庭ということで寂しい思いをさせたくないのはもちろんのこと、何でも感情をぶつけ合える存在でいようということ。

周りと比べてしまうこと、寂しい時もあると思う。それを我慢せずに伝えて欲しいんです。

家族とは色々なかたちがあるもの。両親がいない子もいれば、血が繋がっていなくても絆の深い親子もいる。私たちの家族というかたちに安心と幸せを感じてもらえたら、私は嬉しい。

娘はまだ6歳。

私も母になってまだ6年目。

これからだよな、と思いつつ、いまをしっかりと楽しんでいきたい。

# 自分の気持ちはことばで伝える

大人になり、子どもにも大人にも共通して言えることのひとつに〝自分の気持ちはことばで伝える〟ことが大切だと思いました。

嬉しい気持ち、ありがとうの感謝の気持ち、悲しい気持ち、ごめんねの後悔する気持ち、どれも口に出して相手に伝えますよね。

だけど親しくなると、ましてや家族となると、ちょっとしたことだと心の中では思っているのについ言葉に出さなくなる時がある。それはやってもらってあたり前だったり、これくらいのことはわかってくれているよね、の慣れからなのかな。相手がそうなると自然と自分もそうなる。だから自分が口に出すように意識すると相手もいつの間にか口に出してくれるようになる。

私が意識していることのひとつです。

# いいかげん

「いいかげん」は私にとっては「良い加減」。

昔から変なところに真面目な私は、真っ直ぐにぶつかりすぎて時に疲れてしまうこともあります。力の抜き方がわからなく、いいかげんになんてできない。そんな性格なのです。

真面目という響きは一見良さそうに聞こえるかもしれませんが、良いことばかりではない。

ある人が教えてくれました。

「一杯軽く飲んでみたら？」

確かにほろ酔いくらいだと小さなことは水に流せるし気にもならない。それによく眠れる。毎日じゃなくてもたまにはいいね。ほろ酔い。

昔から撮影の前日は絶対に飲まないできたし、何なら外にも出ない。20代の頃は飲みに誘われる機会も多く周りも遊びたい時期。若くて体力もあるもんだから、飲んで遊んでもみんな次の日の早朝ロケを難なくこなせる。だけど、私はそれができない気がして早く家に帰っては翌日に備えていたのです。

休みの日は休みの日でやりたいことを一枚の紙にリストにしていたから、また何だかんだ忙しくなり気が抜けない。もちろん、自らそうしていたので仕事時間もプライベートも充実していてその達成感が幸せでした。

娘ができてからは事が思うように進まないことが増えて、妥協しなきゃいけないこともあると知りました。さぁ、出かけよう！と思ったら突然グズって気分転換をしなきゃいけなくなるし、何をするにも早めに行動しなければ予定はこなせない。予定通りには進まない。そんな時にいちいち流せなかったら、さぁ大変。「ま、いっか」の心持ちが大切なんだと学んだのです。

妥協する……というよりはその場の状況を受け入れる、というのかな。少しくらいうまくいかなくても結果良ければ問題なし。いいかげんは良い加減。私はそれくらいの方が物事がうまくいく。

いいかげん

# 癖

周りにいる人の癖にはすぐ気づくのに、自分となるとわからない。私の癖は何なんだろう。きっとたくさんあるでしょう。いまも脚を組んでいるのに気づいてやめたところ。娘には脚を組まないように注意しているのに、娘のいないところでは組んでいる私。骨盤が歪むから組んで欲しくないのだけど、「骨盤が〜……」なんて説明をしても理解できないだろうから「脚を組むと走るのが遅くなるよ」と伝えている私。間違いではないよね。骨盤が歪むと歩行に影響が出るもの。

娘が「まだ降ってないんかいっ！」と空を見上げて言いました。雨予報だったからレインコートに長靴を履いて外に出たのにまだ降っていなかったんです。語尾の「かいっ！」が気になりました。気にしてみると1日に数回はかいかい言ってる。またかいっ！　って口にして気づいた。

私だ……。

私ってこんな口癖があったんだ……。

オウムじゃないけれど、娘によって気づかされる。私の癖。良くも悪くも。

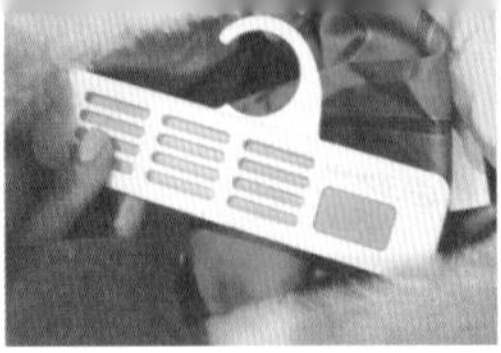

# 不器用

私は不器用なんだと思う。

どんなことが不器用なのか、ここで書きたくても小さなことすぎて恥ずかしいのですが。

同時に2つ以上のことがなかなかできないのです。

わが家のキッチンコンロは3つあるのだけど、例えば3つ同時に煮込んだり焼いたり何かしている時に娘に声をかけられても返事ができない。返事くらい、と思われるかもしれないけれど「なあに〜？」と答えたら、もう焦がしちゃう。

時間がなくて色々なことを同時にしながら慌てて支度をした日には、カバンの中に何故かクローゼット用の防虫剤が入っていました。

以前ジムに通っていた時、ウォーキングマシーンで歩きながら目の前のモニターで動画か何かを見ていました。喉が渇いたから、水を飲もうかとボトルを口に持っていくとブワァッと激しくこぼしたのです。足は止まらなかったけれど顔もシャツもびしょびしょ。水を飲めていたとしたら、きっと足がもつれて転んでいたんだと思う。

同時にできない。

音楽を聴きながら掃除とか運転とか何かすることなんてきっと皆さんも日常茶飯だと思うのですが、私の場合、邦楽だと歌詞が気になって手が止まるんです。歌詞の意味とか、歌い手の想いを知りたくて、その場でググることになる（笑）。だから日常のＢＧＭは洋楽だったりするのですが、英語も学びたいからいつかまた手が止まってしまうのかもしれないな。

娘がお母さんについて発表する場で、「れいこちゃんは、ぶきようです」と発表していました。名前で呼ばれていることはさておき、不器用発言に、なんとも言えない気持ちになった。私のことを理解しているんだな〜と、嬉しいような、恥ずかしいような……。

もう少しだけ器用になりたい、と今日も願います。

# 丁寧な暮らし

私にとって丁寧な暮らしとは、身の丈に合った暮らしをするということ。なにも規則正しい生活や無駄のない暮らしを心掛けることだけじゃなく、自分に見合った言動や行動が取れているのか、結局は自分の心持ちを意識して過ごすということ。それと、どんなに慌ただしい毎日でも一日一回目を閉じて深呼吸をするようにしています。ヨガや瞑想……まではできない私だけど、自分のタイミングでできる時に深呼吸。

そのちょっとの意識が丁寧な暮らしに繋がっているような、そんな気がしています。

# 涙腺

歳を重ねると涙腺が弱くなるってよく聞くじゃない？

昔、よく周りの大人たちがそう話しているのを聞いていて、私は歳と共に筋肉が弱くなってあちこち緩むから涙が出やすくなるのかと思っていました。老化現象のひとつなのかと。

自分が大人になったいま、ひしひしと感じるのは、良いこともそうではないこともたくさん経験をして、人の痛みが以前よりはわかるようになったということ。すると、テレビを見ていても誰かと話をしていても、相手の気持ちが響くようになりました。だから感動させられてすぐ泣いちゃうし、辛さや悲しさがより深いところまで届いて涙しちゃうんだ。たぶん。

そう考えると、その時は逃げ出したくなるほど苦しい出来事も後々自分にとっては決してマイナスな経験ではないんだな……と思います。

「有難う」という漢字が「難が有る」と書くことに気づいたある日。やっぱり難ある人生に対して感謝を示しているのであれば、無難な人生よりも難ある方が魅力的な人生を送ることができるのかもしれない、と思ったのです。

それにしても、めちゃくちゃ泣きたい時に目の前の相手に先に泣かれると涙がスーーっと引っ込むのはいったい何故なんだろう。

どなたか詳しい方、教えてください……。

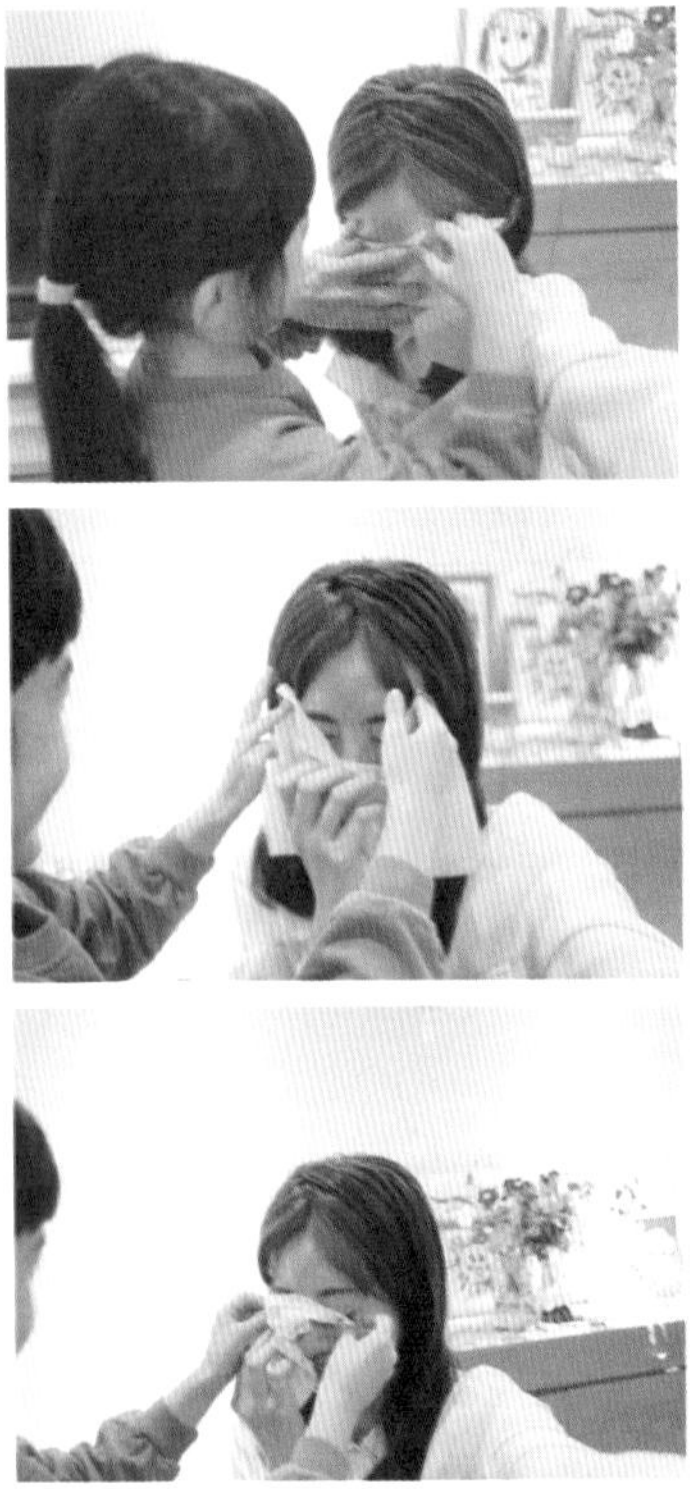

# インタビュー

○―聞き手
●―高垣麗子

14歳でモデル事務所にスカウトされた高垣麗子さん。引っ込み思案で写真を撮られることも苦手だった彼女が、アイスにつられてスカウトのお話を聞き、そこから始まったモデル人生も２０２３年で29年となりました。

様々な媒体の仕事、離婚、出産、子育てなど、モデルという仕事と共に歩みながら、その都度自分らしく選択してきた29年についてお聞きしました。

○ 初めての海外も撮影でだったそうですね。

● そう、初海外だったのですが、そんな国があることさえ当時15歳の私は知らなくて。母が出張のためにagnès b.のTシャツを買ってくれたこともよく覚えています。スーツケースも持っていなかったので、スポーツバッグに荷物を詰め込み持っていき驚かれました（笑）。フィジーはカレーが美味しかったので、現地のスーパーでカレー粉を30袋くらい買い込んで家族へのお土産に。今でも「あのカレー美味しかったね」と話になるくらいです。あの頃はマレーシアやロスなど色々と撮影で連れて行っていただき、いい経験でした。

○ 第二の学校のような場だったプチセブン

時代。その後ＪＪの仕事がはじまり、そのタイミングで所属事務所が変わったり、フリーランスになったりと激動が続きます。仕事が忙しく、大変な時期だったのでは？

●その時所属していた事務所ではドラマなどの新しいお仕事も増えたのですが、元々引っ込み思案の私には全く向いていなくて疲れ果ててしまったんです。リセットするために、フリーランスになりました。事務所というものとのやりとりに疲れていたこともあり、ひとりの方が気楽かもしれないと思ってはじめたフリーランス。けれど、その頃はあまりに眠れなくなり病院に通っていました。ずっと気が張っていて、不眠症のようになりかけていて。やっぱりひとりには限界があると実感し、22歳の時に今の事務所に入ることに。そこで今のマネージャーであるスージーに出会いました。仕事に関することで話し合ったり、深くコミュニケーションを取るということははじめての経験でとても嬉しくて。いまでも毎年、1年の終わりに「何が足りなかったか」「何をしていきたいか」などご飯を食べながら1日かけてじっくり話し合っています。

○1年の終わりに目標を立てる。それをいつも側で見てくれているマネージャーさんとじっくり話し合うのは、仕事のモチベーションも変わる気がします。

●そうなんです。目標を立て、そこに向けてどう進んでいくのか筋道を立てて考え、じっくり話し合います。例えば、体作りに励んでいた頃は、「30歳になるタイミングで変わりたいね」「女性としての魅力を表現してみたい」という話になり、それがAneCan2009年7月号の手ぶらセミヌードの表紙に繋がるんです。こちらが表現したい想いを編集長さんにお伝えして話し合って実現しました。

○その表紙覚えています。女性誌ではじめての袋綴じでしたよね！　あの表紙はもちろん印象的ですが、それ以外にも麗子さんの姿はジャンルレスに様々な媒体で拝見してきたというイメージが強いです。

●24～27歳の頃は特にそうでした。レギュラーで出演していた6誌をベースに単発のお仕事もあり、本当に色々な媒体でお仕事させていただいていました。その頃はあまり寝た記憶もなくて、休みたいとも思っていなかったんです。全ては未来のための経験で、いまが頑張りどきだとスージーと話し合っていました。ジャンルレスで様々な人に会えて、こちらで通用していたことが違う場所では全く通用しないという経験もしたり、その全てが現在に活きていると感じます。ピークを作るのではなく、長く続けていくことが大事だと事務所も私も思って、その土台作りのために本当にがむしゃらに働いていた時期です。この頃の経験がなかったら、いまのモデルという仕事への向き合い方、考え方もずいぶん違うものだったんじゃないかと思います。

○その後、AneCanで専属になるということは大きな決断だったのでは？

●AneCanでは、ファッション撮影だけでなく、時には踊ったり歌ったり、テレビ出演の場があったり、イベントも多かったです。ある日編集長に「人間以外に何になってみたい?」と聞かれ、「柴犬か星の王子さま」と答えたら、巻頭ページで星の王子さまになる企画が待っていたことも。こんな風に今までの経験からは予想ができない日々は、時に辛くて涙したりしたけれど、苦手なことと向き合わせてくれたり良い刺激をたくさん与えてくれました。

やる気に満ちたモデルさんに囲まれていたからこそ、自分のモチベーションも良いかたちで維持させてもらえていたと思います。専属になるという不安が最初はあったのですが、思い切ってどっぷりと浸かってみて、それはまた違う経験をいただけたと思っています。

○専属時代に、最初の離婚が訪れます。週刊誌に載ったりと辛い時期だったのでは?

●もうね、身も心もズタボロでした。「こんな風に話題になったらきっと仕事もなくなる。これからどうしよう?」と絶望したり。でも、むしろ仕事を一緒にしていた皆さんが支えてくれました。仕事現場に好きなパンを用意してくれたり、何もなかったように振る舞ってくれたり。ひとつひとつのことに感謝の気持ちが改めて生まれ、私はこんな風にプライベートのことでズタボロになっている場合ではないとも強く思えました。当時の自分の撮影写真を見返しても、ちゃんと無理せず笑っているんですよね。あんなにもどん底だったけれど、仕事に救われ、楽しめていたんだと思います。それまでは、引っ込み思案な性格ゆえに「この仕事向いていないのかも」と思う時もあったけれど、この出来事によって「この仕事が好きだし、誠実に向き合いながらずっと頑張っていこう」と強く覚悟ができました。必要としてくれている人がいると実感できたことも、とても嬉しかった。いまだから言えることではありますが、いい転機になったと思います。

○その後9年近く専属だったＡｎｅＣａｎを卒業し、Ｍａｒｉｓｏｌへ。9年も専属として仕事をすると新しい場は大変だったのでは？

●いつの間にかＡｎｅＣａｎの世界観が身についていたんだなと自覚をして驚きました。表現方法の違いに苦戦して、モデルに向いていないんじゃないかと昔の思考に逆戻りしてしまうくらいに。同じ「可愛さ」でも、それまでとはまた違う可愛さを求められているのを実感し、正解がなかなか摑めず試行錯誤の日々。マネージャーと何度も話し合いましたが、やっぱり明確な答えは出なかったけど、結局は日頃の「生き方」が大切になってくるような気がしました。

○出産はＳＴＯＲＹやＭａｒｉｓｏｌで活躍されていたタイミングですか？

●そうです。妊娠中は15kg増えていたし、想像より早い産後2ヶ月の復帰だったので不安でしたが、ジュエリーの撮影だったのでチャレンジすることに。私は不器用なので、ずっと休んでしまったら母親の顔から仕事の顔に戻れるか不安でもあったんです。それに、ちょっとでも早く戻って忘れられないようにしなきゃと焦る気持ちもありました。そして、妊娠中に思い切って断捨離とクローゼットの入れ替えも。元々とてもおしゃれな人ならいいのですが、子どもが生まれることで自分の気持ちや生活がどんどんファッションから離れていくことに気づいていたので、旬なお洋服を纏うことで引っ張り上げてもらわないと、と思って。ほとんどの服を総入れ替えしました。

○お子さんが６ヶ月の頃、当時のご主人との離婚のきっかけとなる出来事が起きます。人一倍心配性ゆえにはじめての子育ても大変だったと思うのですが……。

●へその緒が取れた時に少し血が出ただけで驚いて病院に電話してしまうほど自分の中が９割子どもで占められていて。そんな時に起きたことだったので、本当に大変だったのですが、娘がいるおかげで、この子を守らなければと強くいられた気がします。この時もまた、現場に行ったらみんなが優しくて……。より一層誠実に仕事に向き合っていこうと改めて覚悟したのを覚えています。最初の仕事現場で、ロケバスの先頭でお礼と「これからより一層頑張ります」とご挨拶しました。

○その後は、シングルマザーとして仕事をするように。媒体が変わっていく中で、結婚離婚出産など転機が次々と訪れた30代だったんですね。

●シングルマザーで娘が１歳の頃、モデル数名ではじめてのＳＴＯＲＹ表紙撮影。その１年後にカバーモデルに選んでいただいてからは、私にできることは何かを考え、受け身でいるだけじゃなく自分が発信したいことを考え、それを連載「好きのちから」の中で発信させてもらえるようになりました。「自分の好きに目を向けよう！」という連載なのですが、自分を幸せにできるのは、結局のところ〝自分〟なんだよなぁと日々の暮らしの中で気づかされたことがきっかけで提案させていただいた連載テーマです。

子どもやパートナーがいてもいなくても、幸せになれるかは自分次第。だからこそ、「自分の好きなものを見落とさず、真摯に向き合っていこう！　好きの引き出しが多ければ多いほど、それは生きていく上で強みになる！」と思ったんです。読んでくださった方にも、少しでも何かプラスになるきっかけになってもらえたら幸せだな、と思いながら毎号続けてきました。

○この本の中では、育った思い出の地である中野を娘さんと散歩。娘さんが一緒だとどうしても母の顔になってしまう麗子さんが可愛かったです。母と、モデルである自分、私生活の自分、その切り替えは難しかったのでは？

●子育ての最初の頃は、本当に難しかったです。体はひとつで時間は限られているのに、子育てと仕事どちらも完璧にやりたいと思い、いっぱいいっぱいにもなりました。最初はちゃんとしなきゃという想いが強すぎて、娘のロンパースやガーゼにまで全てアイロンをかけていたんです。保育園の先生に驚かれて、ここまでしなくていいんだと気づき、例えばシワが気になるのなら柄物を選ぶといいなどの自分なりの策を見つけていった感じです。全部１００でできなくてもいいんだという塩梅を、徐々に学ぶことができました。わが子のためにも自分のためにも、これからの未来に向けて、まずはいまを大切にすることに。

モデルの自分と母の自分以外の、ひとりの時間は今はほとんどないかもしれません。仕事帰りのバスの中でぼーっとしたり、知り合いに会いづらいスタバに寄って本を読みながらコーヒーを飲んだり、スーパーに立ち寄ったり、など仕事と娘の隙間の時間。そこでちょっとひと息ついて、気持ちを切り替えている気がします。そんなひとときが大切ですし、いまはそれくらいで十分みたいです。

○そして２０２３年８月号で４年務めたＳＴＯＲＹのカバーモデルを卒業されました。今後のことはどう考えていますか？

●いくつになっても、それがどんな場であろうと、求められる人でいたいなと願っています。そしてその求められている場所で、結果を出せたらいいなと。長く仕事をしていると、自分が自分に飽きてしまうこともあると思うんです。それが一番良くないと思うので、いくつになっても新しい自分を見つけながら、可能性が広がっていけばいいなぁと。モデルとして、女性として、生き方も含めて表現していけるような人でいたいなと思っています。

## スージーの言葉

料理する時は、キッチンの向こうから、
タイマーに話しかけている声が聞こえます。
たまに、タイマーに振り回されているけど、
タイマーと真剣に向き合って、
一緒に料理をしているのかな。

### 回転寿司は32皿食べたことがある。

昔は鳥アレルギーでした。
鳩は見るのも苦手。
鳩がいる公園を通れなくて
遅刻しそうと連絡がきたことも。
ただ、子どもができてからは鳩がいても公園に行くように。
母になっていろんなことを
克服して強くなりました。

### 緊張すると、手を強く握る癖がある。

出会った頃の麗子は、
体が弱く、内向的。
撮影現場のお弁当すら
食べずひとりになる。
いまは、みんなに
お弁当が行き渡っているか
ちゃんと見て、いただきます。

モデル以外のことはとても不器用。
ある日、6歳の麗子の娘が
「ママ、不器用だから」とポツリ。
同感です（笑）。

娘との2ショット写真が
なかなかないので、
撮ってあげると
とても喜びます。

麗子のマネージャーになって二十数年、
一度も全力疾走する姿は見たことがないし
イメージもないけど、
道で偶然見かける彼女は
かなりのスピードで歩いています。
きっと俊足だと思います。

### 料理している姿を見られるのが苦手です。

### ジビエ料理が苦手です。

最近、娘に話す口調で
話しかけられることが
多々あります。
スージー、お腹いっぱい？
スージー、危ないよ！
スージー、忘れ物ない？
私はもう45歳です。
長い付き合いになりました。

マネージャー歴21年のスージーが、ずっと側で見てきた「高垣麗子」の姿とは？

地方撮影に3日間同行して、
麗子と食生活を共にしたら
3キロくらい太ったことがありました。
でも麗子は変わらない。
なぜなんだ？ と思うけど、
そういえば自宅にお邪魔すると、
椅子に座っていることがほとんどない。
ずーっと動いている。

突然の雨の時、
悩んだ挙句、
もったいないと
傘は買わずに走ります。

15歳からモデルをはじめて、
長期でお休みしたのは、
足の骨折、東日本大震災、
新型コロナウイルス感染症による
雑誌休刊、出産のみ。
体力がすごくて感心します。

人と比べない。

タクシーなど移動の際に
うとうとする時、
だいたい顔が笑ってる。

むかーし、
撮影現場で高熱で倒れた時、
おんぶして病院に運びました。
点滴を受けて、
少し遅れて2本目の撮影に参加し、
また病院へ。
とても頑張り屋さんです。

27歳の時、
まだモデルに向かないと
悩んでいました。

食欲がなくなった時は、
本当にやばい時。

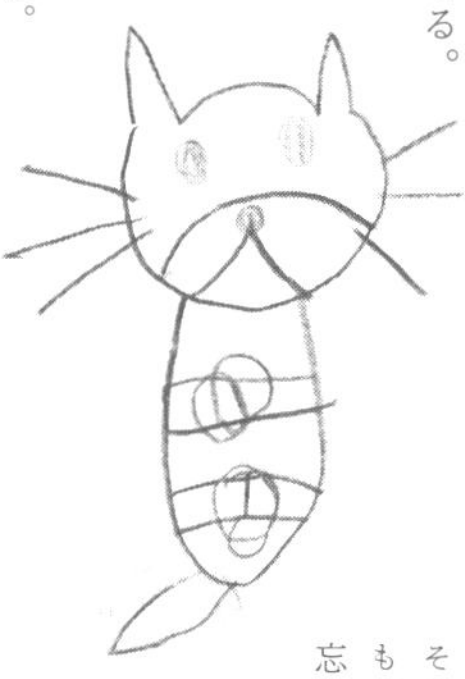

お仕事で行った初海外。
家族へのお土産は、
本場のカレー粉だった
そうです。

ジェットコースターを
Zコースターと思い違いしていた。
ドラマの挿入歌を
とつにゅうかと思い違いしていた。
そういうことが
もっとあったはずなのですが、
忘れてしまいました。

カタカナの、
ツとシがほぼ同じ。

朝、現場に
コーヒーがあるだけで、
ふわっと
テンションが上がります。

事務所でミーティングをして帰る際、
エレベーターが閉まる前に必ず
「ありがとう。お疲れ様～」
と必ず言って去っていく。
その度に、頑張ろー！ と思います。

おっちょこちょい。

ママと一緒に寝る時、
なっちゃんは嬉しい。
隣にいるから。
朝起きたらまた隣にいて、
なっちゃんは嬉しい。

前になっちゃんが
ハチミツの飴を開けてって言ったら、
タクシーの中で中身を落とした。
せっかく食べようと思ったのに。

ママとサイコロで
遊んでる時が幸せ。

ママが鼻水かんでる時、
面白いよ。
鼻が赤くなって音が面白いの。

ママの最高のお昼ご飯は、
馬場さんのお米！

可愛い。

ママが作ったご飯全部言えるよ。
覚えてるよ。言う？
カレー、唐揚げ、ミートスパゲッティ、
おうどん、そば、納豆チャーハン、
納豆ご飯、アサリのチャーハン、
ジュース、柏餅とか。

なっちゃんが書いてる
絵日記見てママ泣いてたよ。
1冊目の最初の時に泣いてた。
聞いたら嬉しくて
泣いたんだって。

ママはお風呂で
バスソルトを開けられないんだよ。
マイメロの光るおもちゃも
開けられないの。

# なっちゃんの言葉

ママはお風呂で
アヒルちゃんできないの。
なっちゃんは
アヒルちゃんのおもちゃ動かせるのに、
ママは動かせないんだよ。
わかんない。

前にタクシーで
最後にカード渡すでしょう?
その時にカードを引っ張るの忘れてね、
それで車はどっか行っちゃったの。

ママが作るご飯大好き。

プリキュアのカレーも好き。

ママが嫌いな食べ物は
生クリーム、
ママが好きなおやつは
ホワイトチョコレート。

「ママの宝物は、なっちゃん」

ってママはいつも言ってる。

なっちゃんもそう思う。

なっちゃんがママに問題出した時、
ママ笑ったの。

「ママは何歳ですか?」

って言ったらね、

「いっつも言ってるでしょ」

って笑ったの。

ママは朝に
「もうちょっと寝ていいよ」
ってなっちゃんに言う。
朝のママは眠そう。

なっちゃんが公園に行きたいって言うと、
ママはいつもいいよって言ってくれるのが優しい。
ママとはブランコとかシーソーとか
滑り台とか砂場とか鬼ごっことか
かくれんぼとか走ったりとか尻尾取りとかするの。
ピクニックも。
お花集めでゲームしたりとか。



娘であるなっちゃんにインタビュー。「ママってどんな人?」

おわりに

私の二冊目となる書籍「わたしの好きのかたち」。
はじめて執筆に挑戦し、写真やイメージを伝え、
時間と想いを費やしやっとかたちにすることができました。

誌面やSNSで発信している私も本当の私ですが、
もっともっと内面のそのままの私を発信してみたいと思ったのは
ちょうど一年半ほど前のこと。
中学生からモデルという仕事を続けてきて、私なりに経験してきたこと。
プライベートでの様々な出来事。
親になったことで経験できたことや新たに広がった世界（日常）のことなど。

モデルという職業柄なのか、
華やかな世界で生きていると思われることも多々あるけれど、
私は職業がモデルなだけでごく普通のひとりの母であり、シングルマザーで働く女性。

日々の目の前の出来事に悩んだり、感動させられたり、時に疲れてしまったり、
ポジティブな自分がニョキニョキと顔を出したり……。
そんなそれらそのまんまを一冊にまとめてみたかったのです。

人生って、誰もが皆んな色々ある。
口にしないだけで色々ある。
私もきっとこの先に想像もしていない色々が待っているんだと思うけど、
どんな時でも自分の〝好き〟に目を向けてちゃんと大切にしていきたいと思っています。
なぜなら、好きの引き出しが多ければ多いほど幸せな瞬間は増えて、
自分の好きは生きていく上で強みになると思うから。

この本を読んで私のことを少しでも知ってもらえたら嬉しいです。
そして、自分の好きなことやものって何だろう……、
と改めてご自分の〝好き〟と向き合うきっかけになったらなお嬉しいです。

高垣麗子

高垣麗子（たかがきれいこ）
１９７９年、東京都中野区生まれ。『プチセブン』専属モデルとして１９９４年にモデルデビュー。以来29年間にわたってファッションモデルとして女性誌を中心に数々の媒体に登場。『ＳＴＯＲＹ』ではカバーモデルも務めた。ハッピー感のある笑顔やライフスタイルは多くの支持を集める。食べることが大好きで、発酵食品マイスターなどの資格を持つ。２０１７年に女児を出産。
Instagram　@reikotakagaki

文・写真（文章内）　高垣麗子
ブックデザイン　白い立体
撮影（グラビアページ）　前 康輔
ヘアメイク（グラビアページ）　木部明美、今関梨華
絵　なっちゃん
構成・インタビュー　柿本真希（Ｌｉｔａ）

わたしの好《す》きのかたち

２０２３年９月30日　初版第１刷発行

著者　高垣麗子《たかがきれいこ》
発行者　三宅貴久
発行所　株式会社 光文社
〒１１２-８０１１ 東京都文京区音羽１-16-6
０３-５３９５-８１７２（編集部）
０３-５３９５-８１１６（書籍販売部）
０３-５３９５-８１２５（業務部）
non@kobunsha.com
落丁本・乱丁本は業務部へご連絡くだされば、お取り替えいたします。

印刷所　堀内印刷
製本所　ナショナル製本


ISBN978-4-334-10060-5